KB154669

떠먹여주는 과학

떠먹여주는 과학

2021년 3월 1일 초판 1쇄 펴냄

펴낸곳 (주)꿈소담이
펴낸이 이준하
글 이근호·강한별
책임미술 오민규

주소 (우)02880 서울특별시 성북구 성북로5길 12 소담빌딩 302호
전화 02-747-8970
팩스 02-747-3238
등록번호 제6-473호(2002. 9. 3.)
홈페이지 www.dreamsodam.co.kr
북카페 cafe.naver.com/sodambooks
전자우편 isodam@dreamsodam.co.kr

ISBN 979-11-91134-95-7 03400

• 책 가격은 뒤표지에 있습니다.
• 이 책의 일부 내용은 YouTube 채널 <떠먹여주는 과학>에서도 보실 수 있습니다.
• 뜰Book은 꿈소담이의 성인 브랜드입니다.

떠먹여주는 과학

이근호·강한별 지음

달Book

"입 벌려! 과학 들어간다!"

안녕하세요! 저희는 유튜브 <떠먹여주는 과학> 채널을 운영하는 크리에이터 팀입니다. 항상 영상 뒤에 숨어 있다가 이렇게 직접 구독자 여러분을 만나게 되니 쑥스럽네요.

<떠먹여주는 과학>을 처음 시작한 지도 벌써 수년이 지났습니다.

채널을 만들게 된 계기는 정말 사소한데요. 어느 늦은 밤, 여느 때와 같이 침대에 누워 알 수 없는 유튜브의 알고리즘에 의식의 흐름을 맡기고 있었습니다. 그러다 별생각 없이 추천 영상에 뜬 영상을 재미있게 시청했죠. 그때 제가 재미있게 본 그 영상이 바로 과학 영상이었습니다. 사실 그때만 해도 저는 과학에 대해 큰 관심이 없었어요. 그래서 그게 과학 영상이었다는 것조차 영상이 끝나고, 해당 채널에 들어가 본 후에야 알게 되었죠.

과학이라고 하면 '딱딱하고 재미없는 것'이라고만 여겼는데, 그날 '어쩌면 내가 과학을 오해하고 있었을지도 모르겠다'라는 생각이 문득 들었습니다. 또, '내가 과학을 오해하고 있었던 원인이 과학 그 자체가 아니라, 과학을 전하는 방식에 있었을지도 모른다'라는 생각도 들었어요.

그래서 먼저 저 자신이 쉽고 재미있게 볼 수 있는 영상들을 만들어보기 시작했습니다. 제가 우연히 재미있는 영상을 통해 과학에 관심을 가지기 시작한 것처럼, 과학에 관심이 없는 사람들이 제가 만든 영상을 통해 과학에 입문할 수 있었으면 좋겠다는 마음을 담아 하나씩 만들어갔죠.

'원래 과학을 잘 아는 사람이 아니라, 과학을 몰랐던 사람들도 쉽게 볼 수 있는 영상을 만들자! 일단 과학에 흥미를 느끼기 시작하면, 깊이 있는 내용은 더 훌륭한 과학 채널들이 잘 설명해줄 거야. 나는 내가 할 수 있는 역할을 하는 거야.'

그렇게 '과학을 쉽고 재미있게!'라는 슬로건을 가지고, 저를 과학의 세계로 이끌었던 유튜브에서 과학 콘텐츠를 만들기 시작했죠. 그래서 채널 이름도 <떠먹여주는 과학>이라고 정했습니다.

"태양계에서 가장 밀도가 낮은 토성보다 더 밀도가 낮은 행성이 발견됐다. 케플러-B, C, D의 밀도는 토성의 10분의 1 수준이다."

어때요? 재미있게 느껴지나요? 솔직히 평소 우주과학에 관심이 있는 사람이 아니라면 큰 흥미를 느끼기 어려울 거예요. 하지만 같은 말이라도 이렇게 이야기하면 어떨까요?

"넓고 넓은 우주에는 별의별 게 다 있습니다. 어둡고, 춥고, 광활한 우주에… 달콤할 것 같은 솜사탕이 둥실둥실 떠 있다면 어떨 것 같으세요? 너무 가벼워서 우리가 한 손에 들 수 있을 정도라는 이 행성! 오늘은 과학자들을 경악하게 만든 솜사탕 행성에 대해 알려드릴게요."

과학에 관심 없는 사람에게 갑자기 전문적인 용어를 들이밀며 설명한다면 질색하기 마련이죠? 그래서 먼저 누구나 쉽게 흥미를 느낄 수 있는 주제를 골라냈습니다. 재미있는 재료를 준비한 후에는, 썰고 다듬고 가공하며 어떻게 해야 쉽게 씹어 삼킬 수 있을지 고민했죠.

쉽게 이해할 수 있도록 예시도 풍부하게 들고 중간중간 농담도 하면서! 그렇게 과학 영상을 하나씩 만들어갔습니다. 물론 재미도 중요하지만, 과학적 지식은 팩트체크가 중요하다고 생각했기 때문에, 과학을 전공한 전문가들에게 자문을 구하는 것도 잊지 않았죠.

'3초 국룰, 과학적으로 사실일까?', '양치질 잘못하면 치매 온다?' 등 그렇게 만든 영상 중에서도 꿀맛 과학만 엄선해 자신 있게 준비했습니다. 순서대로 음미하는 것도, 뷔페식처럼 끌리는 것만 골라 드셔도 좋아요. 여러분이 할 일은 아무것도 없습니다. 그냥 입만 벌리고 계세요, 저희가 다 떠먹여드릴게요.

자, 그럼~ 준비되셨나요?
"입 벌려! 과학 들어간다!"

2021년 3월
이근호, 강한별 드림

페이지를 넘기면 목차

목차

CHAPTER 3 알아두면 유용한 과학적 꿀팁

CHAPTER 4 이렇게? 재미있는 과학상상!

CHAPTER 1

나도 잘 몰랐던 우리 몸

비만도 옮는다?! 몸속 미생물들과 친하게 지내야 하는 이유

여러분, 우리가 모르는 존재들이 우리 몸을 공유하고 있다는 사실, 알고 계셨나요? **우리 몸은 우리만의 것이 아닐지도 모릅니다.**

"이게 무슨 소리지? 내가 귀신에라도 씌였다는 건가?" 싶으시죠?

우리 몸속에는 우리뿐 아니라 수없이 많은 미생물이 함께 살고 있다는 말인데요. "에이, 뭐야~" 하고 긴장이 탁 풀리셨나요? 하지만 미생물이 작다고 무시하면 큰코다칩니다! 알고 보면 우리들의 육체부터 정신까지, 모든 것에 간섭할 수 있을 정도로 아주 강력한 능력을 갖추고 있거든요.

이번 꼭지에서는 우리들의 영원한 동반자! 장 속 미생물들을 만나보겠습니다.

1. 우리 몸의 두 번째 장기, 미생물

우리는 그동안 박테리아와 바이러스 등의 미생물을 '적'이라고만 생각해왔습니다. 그도 그럴 게 당해온 게 있잖아요? 유럽의 3분의 1을 학살한 흑사병부터, 이번에 전 세계를 강타한 코로나19까지…! 미생물 때문에 앓고 죽은 사람이 셀 수 없이 많으니, 인류 생존을 위해서는 무조건 미생물을 퇴치해야 한다고 봤던 거죠.

하지만 여러분, 그거 아세요? 사실 우리 인간의 몸속은 이미 각종 미생물로 가득하답니다. 그중에는 인간에게 유익한 미생물도 있고, 해로운 미생물도 있죠. 우리 몸은 이 미생물에게 어떤 환경을 조성해 주는지에 따라 병에 걸리기도 하고, 반대로 이미 걸려 있는 병이 치료되기도 한답니다.

한마디로, 우리는 몸이라는 생태계를 유지하기 위해 미생물과 공존할 필요가 있습니다. 이에 대해서 노벨상 수상자 조슈아 레더버그(Joshua Lederberg)는 인간과 미생물을 하나의 '슈퍼 유기체'로 보아야 한다고 주장하기도 했죠.

우리 몸속에 살고 있는 미생물을 모두 합하면 무게가 얼마나 될까요? 글쎄요…. 우리 몸을 이루는 세포의 무게를 모두 합하면 200g 정도 된다고 하니까, 미생물은 한 50g? 아니면 한 30g 정도 될까요? 놀라지 마세요. 우리 몸 속 미생물의 무게는 200g 정도라고 합니다. 우리 몸을 이루는 세포와 우리 몸속 미생물의 수는 거의 같다네요.

심지어 우리 몸의 각 기관은 미생물이 없으면 제대로 기능하지도 못합니다. 그래서 과학자 중에는 미생물을 '우리 몸의 두 번째 장기'로 여겨야 한다고 주장하는 사람들도 있을 정도죠. 이제 우리가 왜 미생물과 좋은 관계를 유지해야 하는지 아시겠죠?

그렇다면 만약 우리 몸속 미생물에 문제가 생기면… 어떤 일이 벌어질까요?

2. 물만 마셔도 살찌는 이유

매일 아침, 거울 앞에 서면 이 말이 절로 나옵니다.
"아, 다이어트해야 하는데~"
그렇게 많이 먹는 것도 아닌데, 왜 살과의 전쟁은 끝나질 않는 걸까요?

김떠과: 난 물만 마시는데 살쪄. 정말 억울해!
이친구: ……입가에 묻은 크림이나 닦고 말해.

이런 분, 혹시 계신가요?
만약 여러분이 김떠과와 달리 정말로 결백하다면, 여러분 주변의 가족이나 친구에게 비만이 **옮았을** 수도 있습니다.

우리 몸속 박테리아 중 일부는 공기 중으로 이동해 다른 사람에게 전파됩니다. 따라서 비만인 사람과 가깝게 지내는 사람의 경우, 그와 유사한 장내 미생물을 가지고 있을 확률이 매우 높죠. 사실 따져보면 전염병도 사람 간 미생물의 전파로 일어나는 것이니, 논리적으로도 꽤 개연성 있는 주장입니다.

하지만 여기까지 듣고 나면 이렇게 생각하실지도 모르겠어요.

'아니, 장 안에 있는 게 대체 어떻게 다른 사람한테 옮는다는 거야?'

이 궁금증을 풀어주는 논문이 과학 저널 <네이처>에 실렸습니다.[1] '인체의 박테리아 중 3분의 1은 일종의 홀씨를 만들어 공기 중에 둥둥 떠다닐 수 있다'라는 내용이었는데요. 이렇게 공기 중에 떠 있는 박테리아를 다른 사람이 흡입하면 장내 미생물의 균형을 무너뜨려 질병을 일으킬 수 있다고 합니다.

해당 연구를 이끈 트레버 롤리(Trevor Lawley) 박사는 "비만을 비롯해 크론병, 대장염 등 염증성 장 질환을 일으키는 조건이 인체 간에 전이될 수 있다"라고 설명했습니다. 한집에 사는 가족이나 가까운 이웃은 서로 장내 미생물을 공유하며, 그 결과 염증성 장 질환도 공유할 수 있다는 겁니다. 롤리 박사는 더 나아가 "건강상 위험을 일으키는 요인 중 유전적인 부분은 7~13% 정도에 불과하다"라고 주장하기도 했죠.

"가까운 사람끼리 장 속 미생물을 공유할 수도 있겠다는 건 알겠어요. 그런데 그게 정말 비만을 옮긴다고요? 증거 있어요?"

네, 증거 있습니다.

곧 보실 연구는 2006년, 제프리 고든(Jeffrey I. Gordon) 교수팀이 워싱턴대학교에서 실시했던 '뚱뚱한 쥐와 날씬한 쥐' 연구인데요.

---

1 Transmission of the gut microbiota: spreading of health / Hilary P. Browne, B. Anne Neville, Samuel C. Forster & Trevor D. Lawley / Nature Reviews Microbiology volume / 2017. 06

이들은 비만이 장내 미생물과 관련 있다는 논문을 발표해 세계적인 주목을 받았습니다.[2]

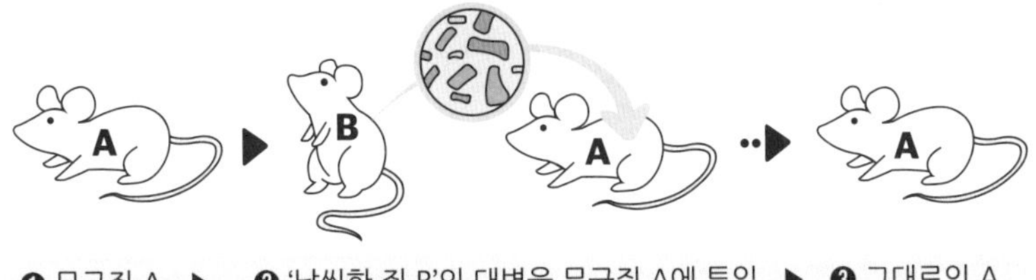

❶ 무균쥐 A ▶ ❷ '날씬한 쥐 B'의 대변을 무균쥐 A에 투입 ▶ ❸ 그대로인 A

❶ 무균쥐 A² ▶ ❷ '뚱뚱한 쥐 C'의 대변을 무균쥐 A²에 투입 ▶ ❸ 뚱뚱해진 A²

고든 교수는 체내에 미생물이 살지 않는 무균 쥐에 '뚱뚱한 쥐'의 대변과 '마른 쥐'의 대변을 각각 주입하고, 똑같은 환경에서 똑같은 먹이를 주며 변화를 관찰했습니다. 그 결과, 뚱뚱한 쥐의 대변을 주입한 쥐는 마른 쥐의 대변을 주입한 쥐보다 체중이 두 배로 증가했죠!

당시 미생물학자들 사이에서 이 연구는 그야말로 '핫'했는데요. 그동안 소화 작용의 결과물, 즉 쓸데없는 찌꺼기로만 인식되어 왔던 대변이 특정 증상의 원인이 될 수도 있다는 사실이 밝혀졌기 때문입니다. 이 발표 이후, 과학자들은 대변 속 장내 미생물이 어떤 역할을 하는지에 대해 활발히 연구하기 시작했습니다.

---

2 An obesity-associated gut microbiome with increased capacity for energy harvest / Peter J. Turnbaugh, Ruth E. Ley, Michael A. Mahowald, Vincent Magrini, Elaine R. Mardis & Jeffrey I. Gordon / Nature / 2006.12

3. 건강한 사람의 '대변 미생물'로 장염 치료!

시간이 흘러 2013년, 네덜란드 연구진이 또 한 번 놀라운 발견을 합니다.[3] 그건 바로 건강한 사람의 장내 미생물을 환자에게 이식하면 치료 효과가 있다는 거였죠!

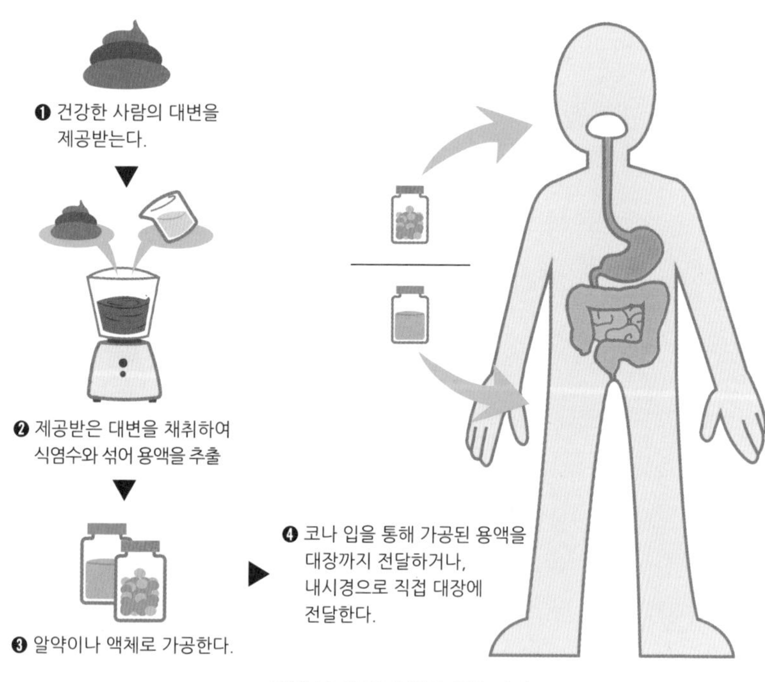

▲ **대변 내 장내 미생물 이식 과정**

연구진은 건강한 사람의 대변에서 미생물을 분리해낸 뒤, 이를 장염 환자의 장 속에 넣어줬습니다. 총 16명의 환자에게 장내 미생물을

---

3 Duodenal Infusion of Donor Feces for Recurrent Clostridium difficile / Els van Nood, M.D., Anne Vrieze, M.D., Max Nieuwdorp, M.D., Ph.D., Susana Fuentes, Ph.D., Erwin G. Zoetendal, Ph.D., Willem M. de Vos, Ph.D., Caroline E. Visser, M.D., Ph.D., Ed J. Kuijper, M.D., Ph.D., Joep F.W.M. Bartelsman, M.D., Jan G.P. Tijssen, Ph.D., Peter Speelman, M.D., Ph.D., Marcel G.W. Dijkgraaf, Ph.D. / The New England Journal of Medicine / 2013.01

이식했는데요. 그 결과는? 두구두구두구두… 놀랍게도, 단 한 명을 제외하고 모두 장염이 치료되었습니다. 기존에는 장염 치료를 위해 항생제를 사용했는데요. 항생제 치료 시 단 4명만이 치료되었던 것과 비교해보면 치료율이 상당히 높죠?

이 시술을 '대변 미생물 이식(FMT: Faecal Microbiota Transplantation)'이라고 하는데요. 방금 소개드린 연구 이후, FMT로 체중 감량은 물론 각종 바이러스 감염 질환, 당뇨까지 치료할 수 있다는 연구결과들이 줄줄이 발표되었다고 하니… 우리 몸속 미생물, 이제 작다고 무시 못 하겠죠?

미생물들과 친하게 지내야 하는 이유는 더 있습니다. 미생물이 육체적인 부분뿐 아니라, 정신적인 부분에도 영향을 끼친다는 겁니다.

4. 감정까지 좌우하는 미생물

최근 뇌과학자들은 우리들의 여러 가지 감정이 형이상학적인 영혼의 산물이 아니라, 우리 몸속 신경전달물질을 기반으로 이뤄진다고 설명하고 있는데요. 다시 말해서 인간의 희로애락조차 물질의 산물이라는 이야기죠.

그런데 뇌과학자들의 보고 중에는, 놀랍게도 장내 미생물들이 신경전달물질과 상호작용하여 인간의 감정까지 좌지우지하고 있다는 주장이 있습니다. 만약 항상 울적하거나 감정 기복이 심한 사람이 있다면, 어쩌면 그 이유가 '그 사람의 몸속 미생물 때문'이라는 건데요. 아니, 이 정도면 인간은 미생물의 숙주 아닌가요?

실제로 장내 미생물과 뇌 사이의 연결고리를 밝히기 위한 연구는 다양하게 진행되고 있습니다. 그중에서도 특히 '장내 미생물이 세로토닌 분비량에 영향을 준다'는 보고는 주목할 만합니다.

잠깐! '세로토닌'이 뭐냐구요?

세로토닌은 신경전달 물질을 지휘하는 지휘자입니다. '도파민'이 격렬한 쾌락을 느끼는 데 영향을 끼치고, '노르아드레날린'이 불안감이나 초조함 등을 느끼는 데 작용한다면, 세로토닌은 두 물질의 분비를 적절하게 유지시키는 역할을 하죠. 따라서 만약 세로토닌 분비량이 지나치게 감소하면, 행복감과 불안감이 잘 조절되지 않아 우울장애나 섭식장애, 심지어 반사회적 성격장애까지 생길 수 있습니다.

그런데 이런 중요한 역할을 하는 세로토닌을 장 내 미생물들이 통제할 수 있다고 합니다. 2015년, 미국 칼텍 연구진은 장내 미생물의 분비물이 면역세포를 자극한다고 발표했는데요.[4] 무균 쥐의 장에 특정 미생물을 넣으니 세로토닌 분비가 늘어나고, 보통 쥐의 장내 미생물을 모두 없앴더니 세로토닌 분비가 줄어든다는 사실을 밝혀낸 겁니다.

이에 대해 이원재 서울대 교수는 "장내 미생물이 생화학 물질을 장에서 뇌로 보내고 있다고 본다."라며, "이것이 우울증은 물론 알츠하이머나 퇴행성 질환과도 연관되어 있다."라고 말했죠. 다시 말해서 장내 미생물들이 신경 세포와도 소통한다는 얘기입니다.

---

4 Indigenous Bacteria from the Gut Microbiota Regulate Host Serotonin Biosynthesis. / Jessica M. Yano, Kristie Yu, Gregory P. Donaldson, Gauri G. Shastri, Phoebe Ann, Liang Ma, Cathryn R. Nagler, Rustem F. Ismagilov, Sarkis K. Mazmanian, Elaine Y. Hsiao / California Institute of Technology / 2015.02

이쯤 되면 아마 이런 질문을 하실 분들이 계실 겁니다.

"장내 미생물 전파를 통해 정신질환도 전염될 수 있단 말인가요?"

맞습니다. 미국 스토니 브룩 대학의 터한 캔리(Turhan Canli) 박사는 "우울증은 정신질환이 아니라 감염질환이다."라고 주장하는데요.[5]

캔리 박사는 일단 우울증 환자는 감염질환에 걸린 사람과 비슷한 증세를 보인다고 말합니다. 기력이 없고, 잠자리에서 일어나기 어렵고, 일상에 관심을 잃게 되는 증상이 감염질환과 너무나 유사하다는 거죠. 그는 심지어 우울증 환자의 뇌에 염증이 있는 것을 밝혀냈다며, 이는 박테리아나 바이러스 같은 병원균 침입에 대한 반응이라고 말합니다.

캔리 박사의 주장은 주목해 볼 만합니다. 수많은 우울증 환자의 뇌에서 염증이 발견되었다는 건, 우울증이 형이상학적인 질병이 아님을 암시하는데요. 만약 캔리 박사의 주장이 맞다면, 우울증도 항생제나 항바이러스제를 투여해 치료할 수 있다는 뜻이거든요.

다만 우울증과 장내 미생물의 관계는 아직까지도 연구를 진행하고 있어, 항생제를 통해 완치를 바랄 수 있는 수준은 아니라고 합니다. 어서 연구가 진행되어 효과적인 우울증 치료제가 나왔으면 좋겠네요.

---

5 Reconceptualizing major depressive disorder as an infectious disease / Turhan Canli / Biology of Mood and Anxiety Disorders / 2014.10

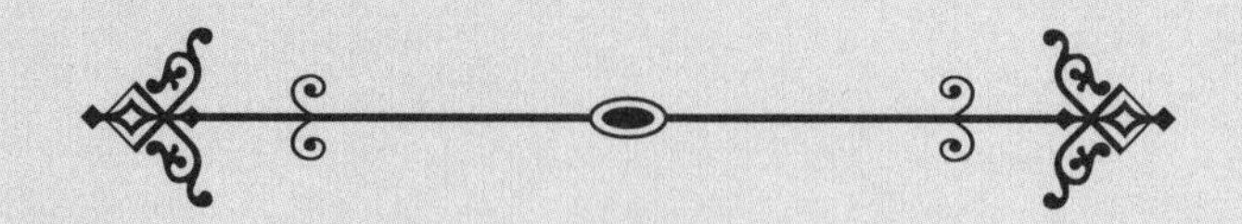

혹시 이 이야기를 읽고, '아~ 내가 먹은 것도 없는데 살찌고, 또 몸이 여기 쑤시고 저기 쑤셨던 건 다 내 주변 지인들이 나쁜 미생물을 전해줘서였구나. 이 나쁜 사람들!' 이라는 결론을 내린 분은 없으시겠죠?

사실 오늘 소개드린 것처럼 미생물을 통해 비만이나 우울증이 '옮을' 확률보다, 우리 스스로의 잘못된 생활습관으로 몸을 상하게 할 확률이 훨씬 더 높습니다.

우리가 할 수 있는 일은 지금까지 만났던 사람들을 탓하는 것이 아니라, 우리 자신을 잘 돌보며 나 스스로가, 그리고 내 주변 사람들이 더욱 건강해질 수 있도록 좋은 습관들을 함께 만들어가는 것이지 않을까요?

인간의 사춘기는 왜 그렇게 지랄맞을까?

"엄마가 뭘 안다고 그래!"

쾅!

…왜 이러는 걸까요?

우리는 모두 누군가의 천사…, **아니죠**, 모두 사춘기였습니다.

모두가 한 번쯤 거쳐 가는 사춘기. 그러나 사람들은 아직도 사춘기를 완전히 이해하지 못했습니다. 그래서 엄마와 딸은 지금도 열심히 싸우고, 아빠와 아들은 아직도 대화를 나누지 않죠.

도대체 사춘기가 뭐길래 이렇게 머리 아프게 하는 걸까요? 인간의 사춘기는 대체 왜 이렇게 지랄맞은 걸까요?

1. 사춘기, 뇌 때문이야~

사춘기는 아동기를 벗어나 성인으로 자라나는 과정에 있는 청소년들이 신체적, 정신적으로 큰 변화를 겪는 시기입니다. 보통 11~13살에 시작되어, 17~19살에 끝나죠. 인간은 다른 동물들과 달리 사춘기가 매우 긴데요. 길게는 무려 9년, 짧게는 5년의 사춘기를 가집니다. 그런데 고작해야 몸이 좀 커지는 것뿐인데… 사춘기에는 왜 그렇게 감정변화가 격한 걸까요?

그 이유는 아주 간단합니다. "뇌 때문이야~ 뇌 때문이야~ 사춘기는 뇌 때문이야~" 피로는 간 때문! 사춘기는 뇌 때문이라는 사실! 따라서 뇌를 이해하면 사춘기를 과학적으로 잘 넘길 수 있습니다. 못 믿겠다고요? 지금부터 설명해드리죠.

2. 사춘기, 왜 계속 졸리고 피곤할까?

귀엽고, 사랑스럽고, 애교 많던 우리 집 꼬맹이가 어느새 무럭무럭 자라 16살의 청소년이 되었습니다. 사춘기의 자녀를 둔 부모님이라면 공감하실 텐데요. 아이들과의 전쟁은 아침부터 시작됩니다. 청소년들이 가장 힘들어하는 것 중 하나가 바로 '아침에 학교 가는 것'이기 때문이죠.

10대의 힘든 점 다 공감합니다. 저도 겪은 일인걸요. 일단 학교 가면 무조건 졸리죠? 졸려서 수업 시간에 꾸벅꾸벅 졸면 선생님들이 밤에 일찍 자라고 합니다. 그런데 집에서 일찍 자려고 하면 부모님들이 공부는 안 하냐고 하죠.

"하아… 어쩌라는 건지?"

그렇게 밤이 되어 침대에 누우면 딱히 잠도 안 옵니다. 밤새 인스타 하고 유튜브 보다 늦게 자고, 그러면 다음 날 아침 또 피곤하고요.

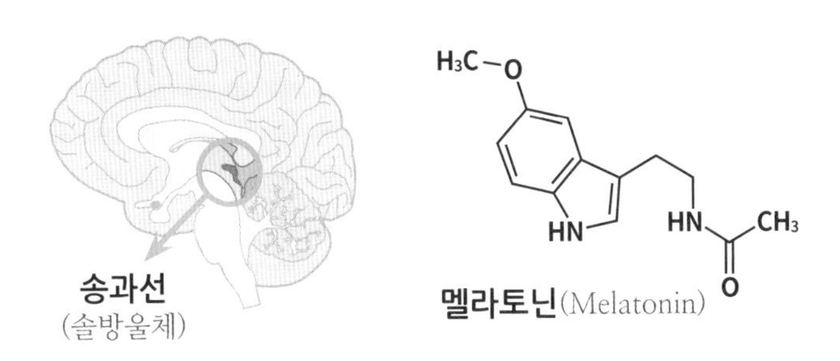

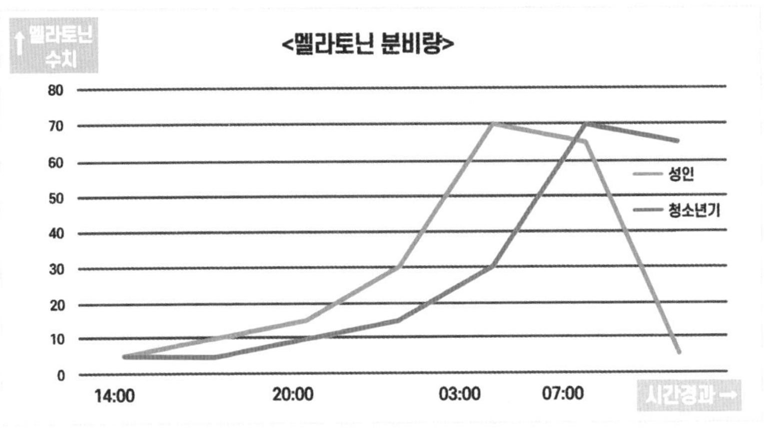

▲ 성인과 청소년의 멜라토닌 분비량 그래프

청소년 여러분이 이렇게 피곤한 하루를 반복하는 이유는 바로 대뇌 밑에 위치한 '송과선'에서 나오는 '멜라토닌' 때문입니다. '멜라토닌'은 쉽게 잠들게 하고, 수면을 유지하도록 돕는 호르몬인데요. 청소년기에는 이 호르몬이 자정이 넘어서야 분비됩니다. 그러니 당연히 취침 시간이 뒤로 늦춰지는 거죠! 하지만 등교 시간은 여전히 아침 일찍입니다. 결국 밤늦게 잠들고 일찍 일어나야 하니, 수면시간이 짧아지게 되는 거죠.

사람이 피곤하면 짜증이 더 쉽게 나잖아요? 안 그래도 폭풍의 시기인 청소년기. 학생들의 잠이 모자란 탓에 우울증과 공격적인 행동이 더 늘어나게 됩니다. 이런 연구 결과를 토대로 미국의 고등학교들은 오전 7시에서 8시 30분으로 등교 시간을 늦췄다고 하는데요. 그 결과 학생들의 성적도 크게 올랐다고 하니 신기하죠?

3. 사춘기, 왜 성격이 지랄맞을까?

물론 수면 부족이 무섭지만, 질풍노도의 사춘기는 단순히 잠이 모자라서 생기는 건 아닙니다.

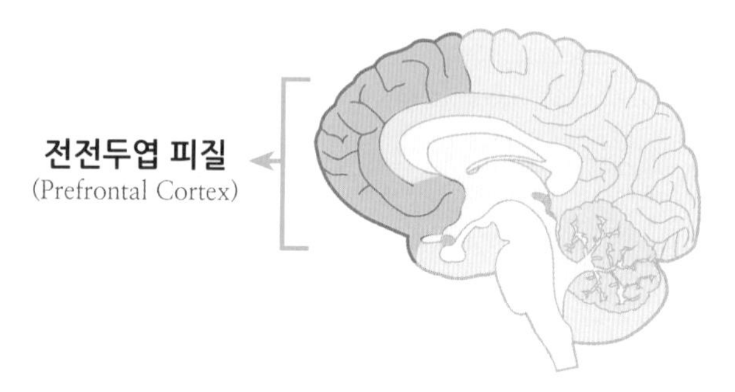

여기 '전전두엽 피질'을 한번 볼까요? 우리가 어디서 많이 들어본 '전두엽'의 앞부분을 덮고 있는 곳인데요. 이곳은 한마디로 감정을 통제하고 판단과 결정을 내리는 곳입니다. 10대들이 **"엄마가 내 책상 치웠어?"**하면서 별것도 아닌 일에 예민하게 짜증을 내거나, **"아빠가 뭘 알아!"**하면서 화를 버럭 내는 이유는 바로 이 '전전두엽 피질'이 아직 성숙하지 못했기 때문입니다.

이 부분은 스물네 살은 되어야 성숙해집니다. 따라서 스물넷까지는 '아직 어려서' 자기통제를 하지 못하고 지랄맞은 언행을 보일 수 있다는 뜻이죠.

그러니 이 글을 읽은 부모님들은 딸내미가 엄마에게 짜증을 내고, 아들내미가 아빠에게 대들 때, '이노무 자식이 누구 닮아서 저럴까. 날 닮은 건 아닌데….'라고 생각하기보다는 '이 녀석이 아직 몸이 덜 자라서 저러는구나, 딱 스물넷까지만 참아준다.'라고 생각하고 이해해주세요. 물론 자식이 범죄를 저지른다거나, 심하게 엇나가는 모습을 보일 때는 적절한 훈육이 필요하겠죠?

한편, 이 '전전두엽 피질'의 뉴런은 '시냅스'를 통해 뇌의 다른 부분과 교류합니다. 우리가 인터넷에 접속해서 다른 곳에 있는 사람들과 이야기를 나누고 정보를 교환하듯, 뇌에서는 시냅스가 뇌의 각 부위를 연결해줍니다. 이 시냅스 역시 청소년기에 구성되죠.

시냅스는 효율적인 통신을 위해 자주 사용하는 통신망은 강화하고, 잘 안 쓰는 통신망은 잘라버리는데요. 시냅스가 구성되는 10대에 종일 게임만 하거나, 종일 축구만, 또는 종일 웹소설만 보는 등 한 분야에만 몰입하면 어떻게 될까요? 다른 부위를 담당하는 곳과의 연결망이 흐려지고, 결국은 사라져버립니다.

현명한 부모님이라면 이제 사춘기인 자녀를 어떻게 대해야 하는지 감이 오실 텐데요. 영어 공부도 했다가, 운동도 하고, 수학 공부도 했다가, 게임도 하면서 다양한 경험을 할 수 있게 유도해주면 좋습니다. 그러면 우리 아이의 통신망이 뇌 이곳저곳과 튼튼하게 연결되어 사춘기를 수월하게 보낼 수 있는 건 물론이고, 더 멋진 어른으로 성장할 수 있거든요.

하지만 게임만 하는 아이에게 하지 말라고 한다고 "네, 엄마!"하고, 공부 좀 하라고 해서 "네, 아빠!"한다면 사춘기가 아니죠. 가만 보면 10대들은 자기들끼리는 잘 어울려 다니면서, 부모님이나 선생님 등 어른들에게 유독 반항적입니다. 다~ 너 잘되라고 그러는 건데 말이죠. 왜 이러는 걸까요?

4. 사춘기, 어른들에게 반항적인 이유

이것 역시 "뇌 때문이야~"

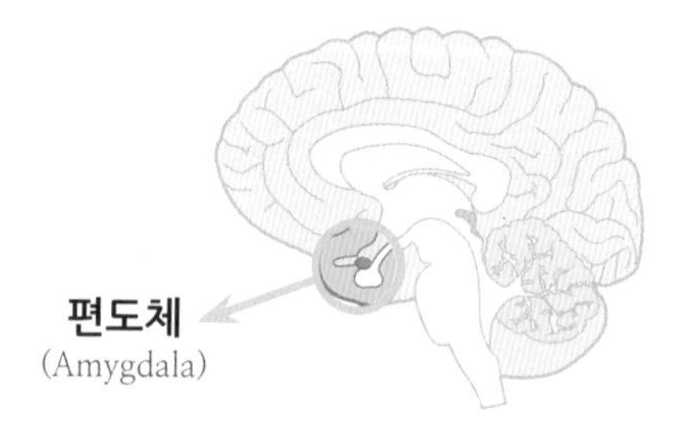

아까 그 뇌 그림을 다시 보면, 요기 작은 똥글뱅이가 있는데요. 이게 바로 '편도체'입니다. '편도'라는 말이 '아몬드'를 한자로 표기한 거라는데, 진짜 아몬드처럼 생겼죠? 실제 크기도 아몬드만 합니다.

이 편도체는 주로 우리의 생존에 꼭 필요한 '두려움'이나 '경고'와 관련된 반응을 하는 곳인데요. 앞서 설명해드렸던 '전전두엽 피질'과 '시냅스'가 청소년기에 덜 완성되어 있던 것과 달리, 이곳은 청소년기에 이미 완성되어 있습니다. 문제는 편도체와 전두엽은 서로 상호관계를 하는데, 청소년기에는 이 전두엽이 완전히 성숙하지 않았다는 거죠.

이에 대한 흥미로운 연구결과가 있습니다. 2002년, 미국 맥린병원에서 청소년 그룹과 어른 그룹에게 각각 겁에 질린 얼굴 사진을 보여주는 실험을 했는데요.[1] 사진을 보자 어른들은 전두엽을, 청소년들은 편도체를 더 많이 사용했다고 합니다. 전두엽을 사용한 어른들은 정보를 보고 신중하게 '무슨 일이지?'하며 상황을 먼저 파악하고 해결법을 찾았습니다. 반면 편도체를 사용한 청소년들은 사진을 보고 '누군가 두려움을 느끼네! 위험한가?'하고 즉각적으로 받아들였죠.

이처럼 사춘기의 청소년들은 '나'를 '위험요소'로부터 보호하려는 성향이 강합니다. 그래서 주변 사람들을 "얘는 나랑 친구!", "얘는 나랑 적!" 이렇게 이분법적으로 나눠버리죠. 그 과정에서 또래의 친구들은 내 편, 부모님이나 선생님 등 어른들은 적으로 나누기 쉽습니다. 그래서 많은 청소년이 어른들에게 반항적인 태도를 보이는 겁니다.

결론적으로 어른들이 해야 하는 일은, 사춘기에 접어든 아이들에게 적이 아닌 친구가 되는 것입니다. 친구가 되어야 대화도 가능하고, 대화가 돼야 조언도 가능하거든요. 네? 뭐라고요? 어떻게 해야 사춘기 아이와 친구가 되냐고요? *음, 그게… 열심히… 잘…?*

농담이고요! 사춘기가 되기 전부터 아이와 정서적 교감을 충분히 쌓아온 부모님이라면 사춘기도 수월하게 넘어갈 수 있습니다. 아이가

---

1 fMRI predictors of treatment outcome in pediatric anxiety disorders / Erin B. McClure, Abby Adler, Christopher S. Monk, Jennifer Cameron, Samantha Smith, Eric E. Nelson, Ellen Leibenluft, Monique Ernst & Daniel S. Pine / Psychopharmacology / 2006.09

'우리 엄마, 아빠는 내 편!'이라는 인식을 이미 갖고 있을 테니까요.

만약 그전까지 아이와 친하지 않았다면…? 우리도 갑자기 친한 척하는 사람에게 경계심을 갖듯, 아이도 갑자기 친한 척하는 부모에게 오히려 반감을 느낄 수 있습니다. 처음 만나는 친구와 천천히 친해지듯 같이 맛있는 것도 먹고, 재밌는 경험도 함께하고, 공감대를 찾아 대화하며 조금씩 조금씩 다가가야겠죠?

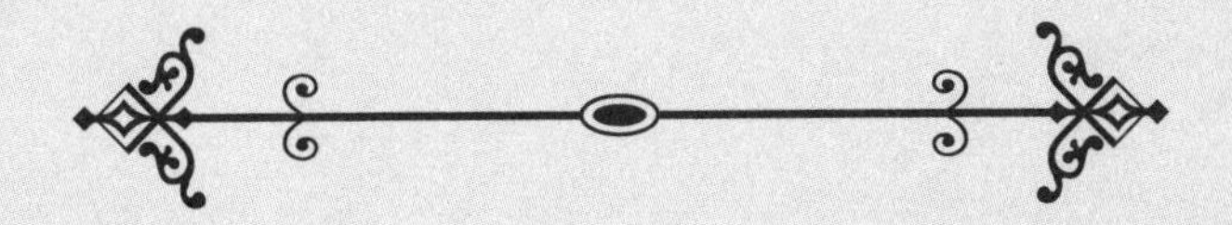

내 몸의 변화도 당황스럽지만, 감정이 왜 이렇게 오락가락 날뛰는지 힘들었던 사춘기 여러분! 이 이야기를 읽고 '아~ 내 성격이 지랄맞은 게 아니라 뇌가 발달하는 과정에서 자연스럽게 일어나는 일이구나~'라는 위안이 되었길 바랍니다.

또 혹시 사춘기 자녀를 둔 부모님이 이 이야기를 읽으셨다면? 아이를 너무 엄격하게 통제하거나 훈육하려고 하기보다는 자연스러운 변화의 과정이라고 이해해주시면 좋겠네요. 아이의 감정이 날뛸 때는 잘 달래주시고요.

잘… 달래는 게 뭐냐고요?
음… 어…….

잭스할 때 남몰래 지켜본다는 '이것'?

인생에서는 종종 얼굴이 빨개지는 때가 있습니다.
화가 났을 때, 부끄러울 때, 마지막으로…

잭스를 할 때죠.

다음 커플은 세 번째의 적절한 예시를 보여주고 있습니다. 보시죠.

남자가 사랑하는 여자와 단둘이 침대 위에 누웠습니다. **'히히, 나 곧 잭스한다!'** 남자의 머릿속은 이미 기대감에 차 있습니다. **'잭스다 잭스! 야, 이게 얼마 만이냐!'** 정말 가득 차 있죠.

자, 이제 제가 일할 차례네요. 앗, 소개가 늦었습니다. 안녕하세요? 저는 이 남자의 '뇌'입니다. 오늘 이 커플의 거사에 아주 중요한 역할을 맡고 있죠. 잠시만요. 어서 이 친구들을 풀어줘야 합니다.

"가라, 테스토스테론!"

남자가 잭스를 할 것이라는 기대감을 느끼면, 저는 '테스토스테론'이라는 호르몬을 공급합니다. 그리고 테스토스테론이 어느정도 증가되면 이어서 바소프레신을 내보내죠. 바소프레신이 온몸에 퍼지면 남자는 한 여자만을 바라보게 됩니다.

잭스가 본격적으로 시작되었습니다. 남녀가 격렬하게 입을 맞추고 있네요. 점점 더 농밀해지는 스킨십……. 이쯤 되면 바소프레신 분비량을 좀 줄여야겠군요. 좋아요. 이번에는 애착을 느끼게 해주는 옥시토신의 분비를 늘릴 때입니다. '사랑의 호르몬'이라고도 불리는 이 호르몬이 분비되면 남녀는 더더욱 잭스가 하고 싶어집니다. 그뿐만 아니라 정서적 안정감과 상대에 대한 친밀감도 느끼게 되죠.

"가라, 옥시토신!"

남자의 온몸에 옥시토신이 가득해졌군요. 남자는 지금 정서적 안정감은 물론 상대에 대한 친밀감을 강하게 느끼고 있을 겁니다. 슬슬 음경으로 신호를 보내야겠네요.

"기상~!!!"

용감하게 일어나라는 신호를 보냈습니다. 성적으로 흥분한 남자의 음경해면체 내에 혈류가 증가합니다. 동맥에 피가 몰리고 '그것'이 당당하게 위용을 뽐내네요. 남성은 흥분하면 음경이 120°까지 위로 꺾입니다. 고환은 기존 대비 50%나 커지고 탄력이 생겨 몸에 바짝 붙죠. 그나저나 이 남자, 어휴… 엄청나죠? 보는 제가 다 뿌듯합니다.

여성 또한 마찬가지로 성적 흥분을 느끼면 신체 변화가 일어납니다. 자궁이 2.4cm 정도 위로 올라가고, 질의 길이가 길어지죠. 또 그이와 결합할 때 아프지 않도록 자연스럽게 윤활액도 나오게 됩니다. 서로 즐겁기 위해 변신을 하는 거죠. 하지만 변신만 해서는 소용없습니다. 행복한 잭스생활을 위해서는 서로 노력 또한 해야 합니다.

"야, 김떠과! 좀 더 힘을 내란 말이야!"

앗, 말하는 순간 옥시토신의 양이 최대치에 이르렀네요. 이때 남녀는 극한의 쾌감 '오르가슴'을 느낍니다. 이들은 지금 한마디로 환상을 경험하고 있을 겁니다. 그게 다 제 활약 덕분이죠.

이제 '도파민'과 '베타 엔돌핀'을 공급합니다. 도파민은 기쁘거나 행복할 때 내보내는데요. 그러면 인간은 벅차오르는 성취감과 쾌락을 느끼게 됩니다. 한편, 베타 엔돌핀은 인류에게 알려진 가장 강력한 마약입니다. 모르핀의 800배에 달하는 위력으로 인간을 기분 좋게 만들죠.

열렬한 사랑을 끝낸 뒤 꼬옥 껴안고 있는 두 사람. 아까 제가 내보냈던 옥시토신 덕분에 계속 붙어 있고 싶다는 생각이 드나 봅니다. 참 사랑스러운 커플이네요. 깨지지 말고 오래오래 행복하길 바랍니다.

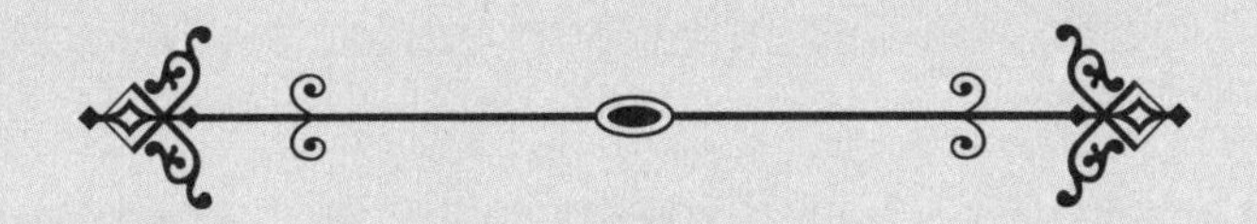

자, 이렇게 남자와 여자가 거사를 마쳤습니다.

오늘도 이렇게 인간의 하루가 저뭅니다. 열심히 이 두 사람의 사랑을 부추겨준 바로 저, 뇌에게 따뜻한 말 한마디 전하고 싶군요. 오늘도 수고했다!

…네? 뭐라고요? 이게 무슨 아침짹 전개냐고요? 가장 중요한 내용이 다~ 빠졌다고요? 어쩔 수 없습니다. 이 책은 전체연령가니까요. 빠진 내용이 뭔지 너무너무 궁금하다면, 오늘밤 엄마 아빠한테 가서 물어보시라구요.

* 이 꼭지는 영상으로 보시면 더 재미있어요.
유튜브 〈떠먹여주는 과학〉채널에서
영상으로도 만나보세요!

청년의 피를 받고 젊어진 90세 노인

-1600년대 헝가리.

한 소녀가 어둑어둑한 밤길을 걷고 있습니다.

"요즘 흉흉한 소문이 도니 어두워지기 전에 집에 들어오도록 하렴."

문득 엄마가 했던 말이 귓가에 맴돕니다. 기분 탓일까요? 어디선가 시선이 느껴지는 것도 같습니다. 괜히 불길한 느낌이 들어 발걸음을 재게 놀려보지만…,

"꺄악!"

곧 짧은 비명만을 남긴 채 사라지고 말죠.

'피의 백작부인'이라는 악명을 떨친 바토리 에르제베트(Erzsébet Báthory)는 이렇게 수백 명의 소녀를 납치해 죽입니다. 그리고 끔찍하게도 그 피로 목욕을 하죠. '젊은 처녀의 피로 목욕하면 젊어질 수 있다'고 굳게 믿었기 때문이었는데요. 젊음에 대한 욕심으로 농부의 딸부터 귀족 영애까지 마구잡이로 납치해 살해한 이 연쇄살인마는, 추후 '드라큘라 백작 이야기'의 모티브가 되기도 했습니다.

그런데 전설 속의 허무맹랑한 이야기 같은 에르제베트의 믿음이 정말 사실이었던 걸까요? 최근 과학 선진국으로 꼽히는 미국에서는 젊은 사람의 피를 받기 위해 대기하는 줄이 어마어마하다는데요!

정말 '젊은 피를 이용해 젊어지는' 게 가능할까요?

1. '젊음'도 돈으로 살 수 있는 시대?!

스탠퍼드대 의과대학 연구원 제시 카마진(Jesse Karmazin)은 2017년, '암브로시아(Ambrosia)'라는 회사를 설립했습니다.

회사의 이름은 그리스 신화에 등장하는 신들의 음식에서 따왔는데요. 맞아요. 암브로시아를 먹은 인간은 신처럼 영생한다고 하죠! 이름에서부터 자신감 넘치는 이곳에서 제공하는 시술은 '혈장 수혈'. 그것도 일반적인 혈장이 아닌, '젊은 피에서 분리한 혈장'을 제공합니다.

이 시술은 상당히 비쌉니다. 혈장을 두 번 투여받는 데 드는 비용이 8,000달러. 우리나라 돈으로 자그마치 약 900만 원이나 되죠. 그러나 비싼 가격에도 대기 명단은 정말 말도 안 되게 긴데요. 90세 넘은 노인이 젊은 피를 수혈받고 이전보다 훨씬 젊어졌다는 소문이 들리다 보니, 고액을 지불해서라도 효과를 보려는 사람들이 몰린 겁니다.

그런데 이게 정말 진짜일까요?
그렇다면 도대체 어떤 원리로 피를 받은 노인이 젊어진 걸까요?

2. 젊은 피 수혈의 효과, 실험 결과는…

2014년 어느 날, 토니 와이스 코레이(Tony Wyss-Coray) 박사팀은 충격적인 실험 결과를 마주합니다.[1] 젊은 쥐와 늙은 쥐의 혈관을 하나로 연결하고 5주간 변화를 관찰했더니, 혈액을 공유한 늙은 쥐의 근육이 젊은 쥐의 근육만큼 회복이 빨라진 겁니다!

충격에 휩싸인 연구팀은 한 단계 더 나아가, 젊은 쥐에서 뽑아낸 혈장을 늙은 쥐에 직접 투입해봤습니다. 그러자 놀랍게도 혈장을 받은 늙은 쥐의 뇌 속에서 새로운 신경세포가 잔뜩 생기는 게 아니겠어요? 즉, 늙은 쥐의 뇌가 젊어졌다는 거죠.

---

1 Young blood reverses age-related impairments in cognitive function and synaptic plasticity in mice / Saul A Villeda, Kristopher E Plambeck, Jinte Middeldorp, Joseph M Castellano, Kira I Mosher, Jian Luo, Lucas K Smith, Gregor Bieri, Karin Lin, Daniela Berdnik, Rafael Wabl, Joe Udeochu, Elizabeth G Wheatley, Bende Zou, Danielle A Simmons, Xinmin S Xie, Frank M Longo & Tony Wyss-Coray / Nature Medicine / 2014.05

이 엄청난 실험을 이어받은 스탠퍼드 연구팀은 2017년, 늙은 쥐에게 신생아의 탯줄 혈장을 주입합니다. 보통 쥐의 평균수명은 약 2년인데요. 18개월 된 노년 쥐에 신생아의 혈장을 주입하자 깜짝 놀랄 일이 일어납니다. 늙은 쥐가 갑자기 4개월 된 젊은 쥐에 맞먹는 기억력을 보여준 거죠.[2]

동물실험을 마친 연구팀은 이번에는 사람에게 피를 수혈하는 실험을 진행했습니다. 65세 이상의 치매 환자 18명에게 젊은 남성의 혈액에서 추출한 혈장을 투여한 건데요. 그 결과, 환자들의 기억력과 학습 능력 등 인지기능에는 뚜렷한 차이가 없었지만, 치매 환자들의 일상생활 능력이 눈에 띄게 개선되었다고 합니다.

스탠퍼드 연구팀 소속으로 이런 유의미한 실험 결과를 직접 확인한 제시 카마진은 대박의 냄새를 맡았습니다.

'이 코인… 이건 무조건 된다.'
그는 그 길로 '암브로시아'를 설립했죠.

암브로시아는 16~25세의 건강한 젊은 청년의 혈액을 혈액은행으로부터 공급받습니다. 그리고 노화를 늦추기 원하는 35세 이상의 신청자에게 젊은 혈장을 제공합니다. 암브로시아에 따르면 실제로 이들에

---

2 Human umbilical cord plasma proteins revitalize hippocampal function in aged mice / Joseph M. Castellano, Kira I. Mosher, Rachelle J. Abbey, Alisha A. McBride, Michelle L. James, Daniela Berdnik, Jadon C. Shen, Bende Zou, Xinmin S. Xie, Martha Tingle, Izumi V. Hinkson, Martin S. Angst & Tony Wyss-Coray / Nature / 2017.04

걸쳐 1.5L의 젊은 피를 수혈받은 사람들은 집중력, 기억력이 눈에 띄게 향상되는 것은 물론이고, 잠도 아주 푹~ 잤다고 합니다.

아까 수면 부족에 시달리면 건강도 나빠지는 데다 뇌가 쪼그라들고, 성격도 더러워지고, 살까지 찐다고 했었죠? 꿀잠을 자면, 이와는 반대로 이로운 효과들을 누릴 수 있습니다.

"너 그거 들었어? 암브로시아에서 젊은 피를 수혈받으면 젊어진대!"

입소문을 탄 이 회사는 미국 전역에 센터를 세우며 승승장구했습니다. 미국 식품의약국(FDA)이 나서기 전까지는 말이죠.

FDA는 "최근 화제인 젊은 피 수혈은 FDA 인증을 받지 않았으며, 절대 안전하거나 효과적이라고 볼 수 없다. 또한 대조군의 플라시보 실험이 이뤄지지 않았기 때문에, 노화나 알츠하이머, 심장병, 암 등의 치료에 효과가 있다는 것 또한 명확히 입증되지 않았다."며, "젊은이의 혈장을 함부로 수혈받으면 오히려 인체 거부 반응이나 감염 등 치명적인 위험이 따를 수 있다."고 경고하는 공식 성명을 발표했습니다.

이후 암브로시아의 웹사이트에는 'FDA 발표에 따라 환자 치료를 중단한다'는 내용이 걸리게 됐죠.

한편, 앞서 소개했던 '젊은 쥐와 늙은 쥐 실험'을 이끌었던 코레이 교수는 스탠퍼드대 의대와 손잡고 생명공학 스타트업 알카헤스트(Alkahest)를 설립했는데요. 알카헤스트에서는 혈장 속 단백질로 '젊음의 명약' 대신 '알츠하이머 치료제'를 개발하고 있습니다.

알카헤스트는 암브로시아와 달리 과학적인 방법으로 효능을 확실히 검증하기 위해 연구하고 있는데요. 2019년에는 '30세 이하 젊은이의 피에서 추출한 혈장 단백질을 치매 환자에게 주입했더니 인지 기능의 악화가 멈췄다'는 2상 임상시험의 중간 결과를 공개하기도 했죠. 알카헤스트 홈페이지에 들어가 보면 2021년 올해도 연구를 활발히 진행 중입니다.

결국, '젊은 피를 수혈하면 젊어질 수 있다'는 말은 반은 맞고 반은 틀린 셈이네요. 암브로시아의 항노화 클리닉은 실패했지만, 알카헤스트의 알츠하이머 치료제는 성공적인 실험을 이어가고 있으니까요. 이 실험의 끝이 어떻게 될지 참 기대됩니다!

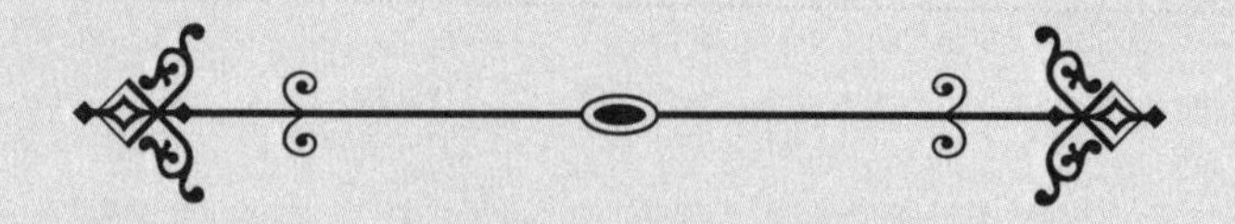

이번 챕터의 내용, 여러분은 어떻게 보셨나요?

저는 약간 복잡한 기분이었는데요. '불치병이라 여겼던 알츠하이머를 고칠 수 있다니 너무 멋지다!'라는 생각이 들었고요. '어쩌면 미래에는 '젊음'이나 '기억력'이 돈 있는 사람들만 누릴 수 있는 특성이 될 수도 있겠다'라는 가난한 환경에서 태어난 젊은 사람들은 자신의 피를 대가로 돈을 벌지도…'라는 생각도 들었답니다.

역시 과학기술의 발전은 양날의 검!

인류에게 도움이 될 기술을 개발하는 것은 과학자의 몫. 그리고 어떻게 해야 우리에게 이로운 방향으로 사용할 수 있을지 고민하는 게 바로 우리의 몫이겠죠?

인류는 '유전자 변이'로 아직도 진화 중?!

모든 생물은 번식을 통해 유전자를 교환해왔고, 그 결과 현재의 모습으로 진화했습니다. 우리 인간의 현재 모습 또한 긴 진화를 거친 결과죠. 그런데 그 결과가…

웃어도 예쁜 수지와
저
울어도 예쁜 수지와
저…라니

이렇게 보면 인류의 진화는 제게만 불리하게 되어온 것 같은데요? 흑흑…

그런데 희망적인 소식이 들려옵니다. 인류의 진화가 이미 끝난 게 아니라, 지금 이 순간에도 진행 중이라네요?

이번 챕터에서는 인류가 어떻게 진화해왔는지 살펴보고, 다가올 미래에는 어떤 모습으로 변할지 함께 알아보겠습니다.

● ● ●

1. 인류의 진화

▲ 인류의 진화과정

먼저 간단하게 우리 인류의 진화과정을 살펴볼게요. 약 5백만 년 전쯤, 아프리카의 한 유인원 무리에서 인류의 조상이 나타나는데요. 맞아요. 여러분도 잘 알고 있는 오스트랄로피테쿠스입니다.

이후 인류는 호모 하빌리스, 호모 에렉투스 그리고 호모 사피엔스로 진화했죠. 그리고 약 3~4만 년 전, 호모 사피엔스 사피엔스가 출현하면서 지금 우리의 모습이 됩니다.

대체 무엇이 같이 어울려 살던 유인원들을 호모 사피엔스 사피엔스와 침팬지로 갈라놓은 걸까요? 정답은 바로 '유전자'입니다. '침팬지 게놈 연구 국제컨소시엄'의 분석 결과에 따르면, 인간과 침팬지의 유전자는 무려 98.76%나 같다고 하는데요.[1] 고작 1.24%의 차이가 우리에게 놀라운 변화를 선물한 겁니다.

2. 현생인류의 진화

사실 지난 6만 년 동안 해부학적으로나, 행동 양식상으로 인간에게 대단한 변화가 일어나지는 않았습니다. 혹시 우리가 과거로 시간여행을 떠나 6만 년 전 사람을 만나더라도, 같은 사람으로 인식하는 데 큰 문제가 없을 정도죠. 하지만 그 말이 인류가 진화를 멈췄다는 뜻은 아닙니다. 인류는 끊임없이 유전자 변이를 통해서 생존환경에 적합하게 진화해왔죠.

지금, 여러분이 책을 읽고 있는 이 순간에도 진화 중이랍니다!

"에이~ 인간이 아직도 진화한다고요? 그럴 리가!"

▲ 비소의 모습

믿기지 않으신다고요?
그렇다면 예시를 보여드리죠. 안데스산맥에는 지하수에 비소가 많이 들어 있는 지역이 있습니다. 비소가 뭔지는 한 번쯤 들어보셨을 텐데요.

1 Genomewide Comparison of DNA Sequences between Humans and Chimpanzees / Ingo Ebersberger, Dirk Metzler, Carsten Schwarz,1 and Svante Pääbo / PMC / 2002.04

맞아요! 사극에서 임금이 죄인에게 내리는 사약에 바로 이 비소가 들어 있죠. 비소는 예로부터 동서양을 막론하고 독살에 많이 사용되었는데요. 순수한 비소는 독성이 없지만, 공기 중에 노출되는 즉시 산소와 결합하여 맹독성을 띤 산화비소가 되죠. 이 치명적인 독에 노출되면 피부병은 물론이고, 암에도 걸릴 수 있습니다.

"설마 사람이 진화해서 비소를 먹는다고요?"

맞습니다. 이 지역에 완전히 적응해버린 원주민들은 비소가 들어간 물로 빨래하고, 씻고, 심지어 비소를 마시면서도 살아남았죠.

이를 신기하게 여긴 웁살라 대학의 연구팀은 안데스 원주민 124명의 유전자를 분석했는데요.[2] 이들의 소변에 포함된 비소의 양을 측정해본 결과, 원주민들의 유전자에 변이가 있다는 사실을 밝혀냈습니다.

우리 몸속 10번 염색체에 있는 'AS3MT'라는 유전자는 비소를 소변으로 배출하는 효소를 만들어냅니다. 안데스 원주민들은 이 AS3MT 유전자가 변이되어, 다른 사람들보다 더 높은 비소 배출 능력을 갖추게 되었죠. 매일같이 비소를 마셔도 다 오줌으로 빠져나가니 독극물에 의한 피해가 없을 수밖에요.

연구팀에 의하면 이 유전자 변이는 7천 년에서 1만 년 전쯤 일어났을 거라고 하는데요. 이 시기는 인류가 안데스산맥에 정착하고 얼마 지나지 않았을 때입니다. 즉, 초기 정착민 중에서 유전자가 변이된 소

---

2 Human Adaptation to Arsenic-Rich Environments / Karolinska Institutet and Uppsala University professor Karin Broberg / Molecular Biology and Evolution / 2015.03

수의 '진화 인류'만이 살아남아 생식과 번식에 성공했고, 변이된 유전자를 퍼뜨려 현재의 안데스 원주민들이 되었다는 거죠.

이처럼 생존에 유리한 변종 유전자는 다음 세대에게 전달되는데요. 이와 반대로 어떤 유전자가 다음 세대에게 전달되지 않는다면, 그 유전자는 생존에 도움이 되지 않는다고 해석할 수 있습니다. 즉, 나쁜 특성은 거르는 방식으로 진화하는 겁니다.

그렇다면 인간은 앞으로 어떻게 진화하게 될까요?

3. 인류의 진화는 끝났다?

몇몇 학자들은 인류에게 더 이상의 진화는 없을 것이라고 주장합니다.

유명한 유전학자인 영국 유니버시티 칼리지의 스티븐 존스(Steve Jones) 교수는 2008년 한 강연에서 "인류의 진화는 끝났으며, 더 이상의 진화 가능성은 없다."라고 단정지어 말했습니다. 존스 교수에 따르면 '자연 선택은 이미 끝났다'는 건데요.

진화생물학자 에른스트 마이어(Ernst Mayr)도 ≪진화란 무엇인가(What Evolution Is)≫ 라는 책에서 인류는 더 이상 진화하지 않을 거라고 주장했습니다.

그 이유로 첫째, '인간은 이제 고립되지 않는다'고 말했는데요. 그의 말에 따르면 과거 인류는 다양한 지역에 퍼져 있었고, 그곳에 고립되어 있어 각 지역 환경에 맞게 독특한 방향으로 진화했다는 겁니다.

하지만 현대 사회에서는 거의 모든 인류가 문명권에 들어왔고, 이동의 자유를 갖고 있죠. 따라서 이제는 자연환경에 맞춰 유전자 변이가 일어날 일은 없다는 거예요. 앞서 언급했던 안데스산맥의 원주민들이 독특한 환경에 고립되어 그들만의 진화를 이뤄냈던 걸 보면 어느 정도 맞는 말 같기도 하네요.

에른스트 마이어가 꼽은 두 번째 이유는 '자연 선택은 더 이상 작용하지 않는다'입니다. 머나먼 과거에는 체격이 좋고 힘도 세서 사냥을 잘하는 남자가 이성에게 선택받을 확률이 높았습니다. 자연스럽게 그런 남자들의 유전자가 더 많이 퍼졌죠.

하지만 요즘은 어떤가요? 물론 3대 500 나오는 남자, 매력 있습니다. 그러나 운동을 못 한다고 해서 무조건 인기가 없는 건 아닙니다. 괴력을 발휘하지 못하더라도 성격이 좋거나, 매력적인 외모를 가졌거나, 능력이 출중하다면 충분히 인기가 많을 수 있죠.

이런 이유로 인류는 앞으로는 진화하지 않는다고 주장하는 학자들도 있습니다. 하지만 대부분의 과학자는 '한 생물의 진화를 멈추는 유일한 방법은 멸종밖에 없다'고 말합니다. 모든 것은 살아있는 한 환경에 적응하고 발전한다는 겁니다.

4. 우리가 진화하고 있다는 증거

사실, 진화란 아주 오랜 시간을 거쳐서 천천히 이루어지는 것이기 때문에 한 개체가 살아가면서 그 변화를 느끼기는 어렵습니다. 하지만 여러분들이 지금 확인할 수 있는 진화의 증거가 있답니다!

여러분, 지금 거울 앞으로 가서 큰 소리로 저를 따라해보세요.

"아~"

어때요? 진화의 증거가 잘 보이시나요? 증거가 '아직' 없거나, '이제' 없는 분도 있을 수 있겠네요. 그 증거는 바로… 우리에게 끔찍한 고통을 선사하는 사랑니입니다.

사랑니는 턱이 어금니보다 먼저 줄어서 생기는데요. 과거 인류는 조리되지 않은 음식을 먹었기 때문에, 질긴 풀과 고기를 씹고 뜯기 위해 턱도 커야 했고 치아의 개수도 많아야 했습니다. 하지만 지금은 어떤가요? 문명의 발달로 불을 사용하고 음식을 가공하는 법을 배워, 입에서 살살 녹는 부드러운 음식물을 섭취하게 되었죠. 따라서 인류는 서서히 턱과 어금니가 줄어드는 쪽으로 진화하고 있습니다.

테건 루카스(Teghan Lucas)박사에 따르면, 실제로 최근 태어나는 아기들은 점점 더 짧은 얼굴과 작은 턱을 가지고 태어나고 있다고 합니다.[3] 또 사랑니 없이 태어나는 아이들도 점점 늘고 있다고 하죠. 끔찍한 사랑니 뽑기에서 해방되는 건 물론이요, 날 때부터 작은 얼굴로 태어날 후손들! 부럽네요, 부러워!

그렇다면 이제 여러분들이 궁금해할 것은 진화한 미래 인간의 모습일 텐데요.

3 Recently increased prevalence of the human median artery of the forearm: A microevolutionary change / Teghan Lucas, Jaliya Kumaratilake, Maciej Henneberg / Journal of Anatomy / 2020.09

5. 미래 인간의 모습

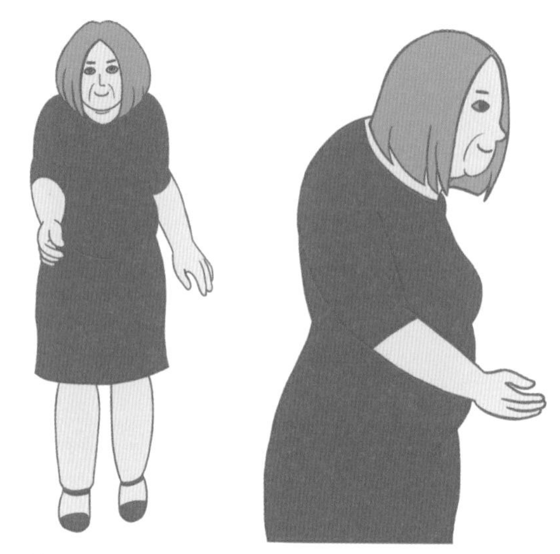

▲ 윌리엄 하이암 박사 연구팀이 제작한 '엠마'를 참고한 삽화

굽은 등, 거북목, 부은 다리.
불룩 나온 배에 충혈된 눈까지. 이 여성의 이름은 '엠마' 입니다.

이 모습은 행동미래학자 윌리엄 하이암(William Higham) 박사 연구팀이 예측한 20년 뒤 우리의 모습인데요.[4]

영국과 독일, 프랑스의 사무직 노동자 3천 명의 업무환경을 데이터화한 결과, 우리의 사무환경을 바꾸지 않는다면 이렇게 된다는 겁니다. 음, 갑자기 기지개 마렵네요. 여러분도 시원하게 몸 한번 쭈~욱 펴주세요. 종아리도 몇 번 주물러주시고요.

---

4 The Work colleague of the Future / William Higham / Fellowes / 2019.06

이번엔 더 머나먼 미래로 가보죠. 스코틀랜드의 동물학자 두걸 딕슨(Dougal Dixon)이 상상한 5천만 년 후 미래 인류의 모습입니다.[5]

▲ 두걸 딕슨의 5천만년 후 미래 인류 상상도를 참고한 삽화

참고로 붉은색의 커다란 사람(?)이 여자, 분홍색의 작은 사람이 남자라는 사실!

5천만 년 후 인류는 두뇌가 매우 발달해, 염력과 초능력을 사용해 이동합니다. 많은 신체 기관이 그 기능을 잃었는데요. 생식기관과 감각기관만이 제 기능을 한다고 합니다. 대체 5천만 년 동안 무슨 일이 있었길래 이런 모습으로 변했을까요?

앞서 본 모습들은 당연히 모두 상상일 뿐이지만, 이렇게 보면 우리가 태어나서 죽을 때까지 진화를 확인할 수 없다는 게 다행인 것 같죠?

---

5 Dougal Dixon / 〈After Man: A Zoology of the Future〉 / Granada Publishing (UK) / 1981

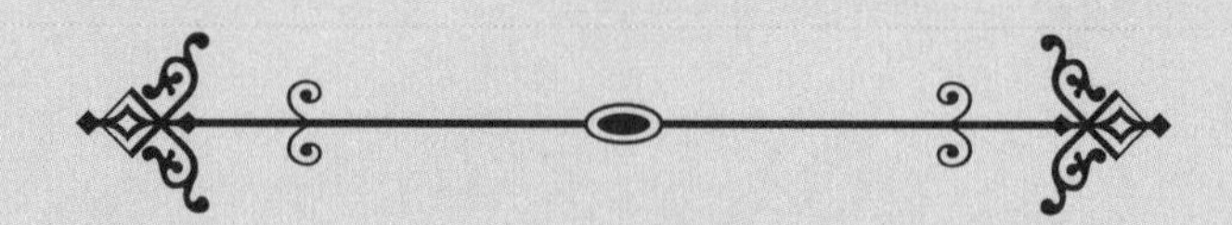

이번 챕터는 '왜 나는 수지와 같은 시대를 살면서 다르게 생긴 걸까?', '정말 같은 인간으로 진화해온 거 맞나?'라는 투덜거림으로 시작했는데요.

인류 진화의 역사와 미래를 한번 훑어보고 나니 생각이 조금 바뀌네요. 지금 이런 제 모습도 조상님들이 수백만 년간 힘겹게 생존하고, 번식하고, 경쟁한 끝에 물려주신 몸과 얼굴인 거잖아요?

하아… 저부터 저 자신을 아끼고 사랑해줘야겠습니다.
사실, 저 아니면 딱히 사랑해줄 사람도 없고요.

* 이 꼭지는 영상으로 보시면 더 재미있어요.
유튜브 <떠먹여주는 과학> 채널에서
영상으로도 만나보세요!

2021년 22살, 33살, 43살인 사람은 5년 일찍 죽는다?

데스노트의 주인은 사신이 아니라… **태양의 흑점**?

2021년 43살, 33살, 22살이신 분들께 조금 충격적인 이야기를 전해 드립니다. 이 시기에 태어난 사람은 남들보다 평균 수명이 **5년 더** 짧을 수도 있다는 사실! 바로 태양의 흑점 때문인데요. 아니, 저 멀리 있는 태양 흑점이 나랑 뭔 상관이길래? 내가 왜 태양 때문에 일찍 죽는다는 걸까요?

1. 태양 흑점? 그게 대체 뭐야?

태양은 주성분이 수소와 헬륨인 거대한 기체 덩어리입니다. 이 워

소들은 태양의 대기 안에서 핵융합을 일으키며 거대한 에너지를 방출하죠. 그런데 이 에너지를 방출하는 태양 활동은 일정한 주기를 지니고 있습니다.

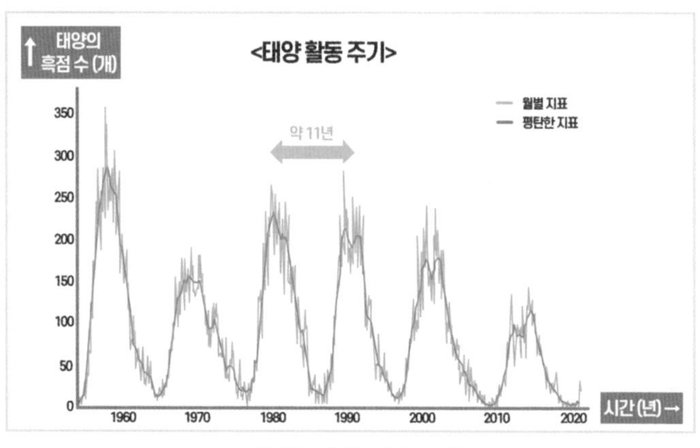

▲ 태양의 활동 주기 그래프

한 극소기에서 극대기를 지나 그다음 극소기까지를 한 주기로 보는데요. 보통 극소기가 8년, 극대기가 3년으로 한 주기는 평균 11년입니다. 미국 항공 우주국(NASA)에 따르면 현재 태양은 25번째 주기로 활동 중입니다. 2019년 12월 24일에 흑점이 관측된 것으로 미루어 보아, 2025년 7월을 전후해 극대기가 시작되어 2031년 끝날 거라고 하죠.

▲ 태양의 흑점

과학자들은 태양 표면에 있는 흑점 수가 어떻게 변하는지 살펴 태양 활동 주기를 확인하는데요. 왼쪽의 태양 사진을 살펴보면, 온통 붉게 타오를 거라는 생각과 달리 군데군데 까만 곳이 보이죠? 이걸 흑점이라고 합니다. 실제로 저 부분의 색이 검은 것은 아니고, 주변보다 낮은 온도를 지녀 상대적으로 어둡게 보이는 겁니다.

태양 활동이 활발한 극대기에는 이 흑점의 개수가 늘어나고, 반대로 태양 활동이 사그라드는 극소기에는 흑점 수가 줄어듭니다. 작은 흑점은 하루면 소멸하지만, 지구 지름만큼이나 큰 흑점은 몇 달씩 지속되기도 해요.

그런데 이 태양 흑점에서는 폭발 현상이 일어나곤 합니다. 흑점 폭발이 일어나면 강력한 자기 에너지가 방출되어 지구에도 영향을 미치죠. 이런 태양 활동은 지구에 사는 생명체들의 세포나 DNA에 손상을 입히거나, 통신 장비를 마비시키기도 합니다. 저 멀리 떠 있어서 나와 큰 상관은 없을 거라 생각했던 태양이 생각보다 내 삶에 많은 영향을 미치고 있죠?

2. 태양 흑점이 폭발하면, 지구의 인간이 일찍 죽는다?

그런데 노르웨이의 과학자들이 이 '태양 활동의 주기'가 '인간의 수명'에도 영향을 미친다는 연구 결과를 발표했습니다.[1] 노르웨이에서 1676년부터 1878년 사이에 태어난 8,662명의 출생과 사망 기록을 태양의 활동 주기와 비교 분석해봤더니, 극대기에 태어난 사람의 평균 수명이 극소기에 태어난 사람보다 무려 5.2년이나 더 짧았던 겁니다. 또한, 이 시기에 태어난 아기들은 다른 시기에 태어난 아기들에 비해 2살 이전에 조기 사망할 확률도 높았죠. 특히 남자보다 여자에게 이런 경향이 더 뚜렷했다고 하는데요. 이런 현상이 생긴 원인은 대체 뭐였을까요?

1 Solar activity at birth predicted infant survival and women's fertility in historical Norway / Gine Roll Skjærvø, Frode Fossøy and Eivin Røskaft / Proceedings of the Royal Society B: Biological Sciences / 2015.02

과학자들은 이런 현상이 태양에서 뿜어져 나오는 자외선과 관련이 있을 것으로 추정하고 있습니다. 임산부들은 태아의 건강을 위해 엽산을 챙겨 먹는데요. 엽산은 비타민B군의 수용성 비타민으로, 배 속 아기의 정상적인 성장을 위해 필수적인 영양소입니다.

엽산은 세포 생성에 관여하기 때문에 태아의 척추, 뇌, 두개골이 성장하는 데 있어 매우 중요합니다. 임신 초기에 이 엽산이 부족하면 태아의 척추와 신경계에 선천적인 장애를 일으킬 수 있죠. 그런데 임신 중 햇빛 속 자외선에 과다 노출되면 자외선이 이렇게 중요한 역할을 하는 몸속 엽산을 파괴해 태아의 건강에 악영향을 끼칩니다. 그 결과 유아사망률도 높고, 수명도 짧아진다는 겁니다.

참고로 이번 연구는 위도가 높은 지역에 사는 노르웨이 사람들을 대상으로 했기 때문에, 다른 위도에 사는 데다 다른 인종인 우리에게도 같은 현상이 발견될지는 장담할 수 없습니다. 또 과거와 달리 실내생활 비중이 높아진 현재에도 이 상관관계가 성립될지는 추가 연구와 조사가 필요하죠. 어쨌든 올해 43살, 33살, 22살을 맞았다면… 괜~히 남들보다 5년 일찍 갈까봐 뒷골이 싸한 것은 사실입니다.

"난 저 나이 아니라서 다행이네~"

라고 생각하며 안심하려 하셨던 분? 그 안심 내려놓으세요. 4년 뒤, 2025년에 찾아온다는 **'태양 극대기'**엔 지구상 모든 생명체가 얄짤없이 공평하게 당하거든요.

3. 2025년, 전 지구의 통신망을 뒤흔들 태양 극대기

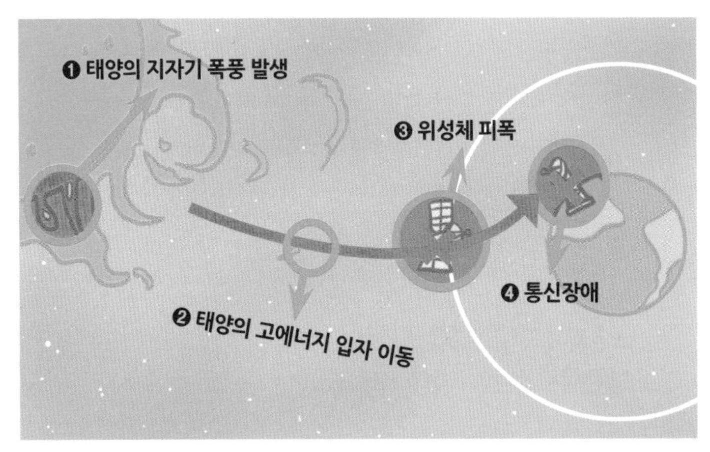

▲ 태양의 지자기 폭풍으로 인한 영향

지금으로부터 약 4년 뒤, 태양 활동이 활발해지는 극대기가 오면 강력한 지자기 폭풍이 발생합니다. 태양에서 뿜어져 나온 전자기파와 태양풍이 지구의 자기권에 닿으면 인공위성이 훼손되거나 수명이 단축될 수 있는데요. 이렇게 피해를 입은 인공위성은 TV나 라디오, 휴대폰 등의 무선통신에 영향을 미치게 됩니다. 딱 10분만 와이파이 연결이 안 돼도 답답해 미칠 것 같은데 전 지구의 통신망이 흔들린다니요! 지구 멸망 급의 대재앙은 아니지만, 대비하지 않으면 혼란이 발생할 수 있습니다.

또한 태양 흑점 폭발이 심하게 일어나면 발전소는 무용지물이 되어 버리고, 변압기에도 과전류가 흘러 망가져 버립니다. 실제로 1989년 캐나다의 퀘벡 주에서는 태양 활동으로 변전소 한 곳이 마비되어 퀘벡 주 전역이 정전되는 사태가 발생한 적 있죠.

하지만 여러분, 너무 심하게 걱정하지는 않아도 됩니다. 극지방에 가까워질수록 태양풍의 영향을 크게 받는데, 우리나라는 위도가 높은 편이 아니라서 태양풍으로부터 상대적으로 안전하거든요. 실제로 지난 2011년과 2013년에 여러 번 3단계 태양흑점 폭발이 일어났을 때, 우리나라는 비교적 무사히 지나갔습니다. 국내 항공기나 군부대에서 주로 사용하는 단파통신에 약 30분간 장애가 발생하기는 했지만 일반인은 큰 불편을 느끼지 않고 넘어갔죠.

또, 과거의 주기들에 비해 현재는 태양 활동이 상대적으로 조용한 편이라고 합니다. 그만큼 극대기에 발생할 수 있는 피해도 감소할 것으로 예측되고 있습니다. 듣고보니 안심해도 되겠죠? 매번 온다고 하면서 오지 않는 지구 종말의 날!

이번 2025년도 안전히 지나가는 것으로~

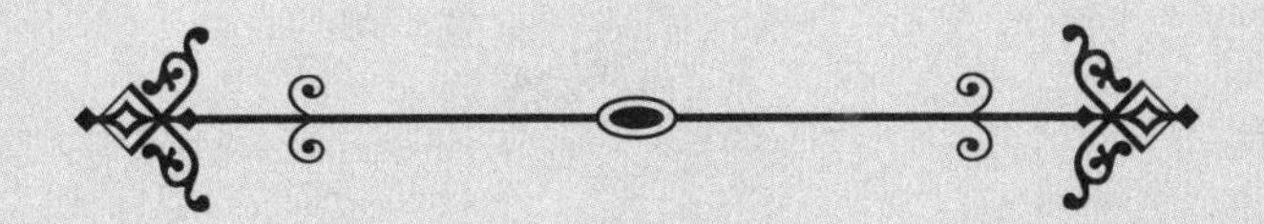

여러분은 태양의 어떤 주기에 태어나셨나요?

태양의 극소기에 태어난 분들은 지금쯤 얼굴에 미소를 머금고 계시겠군요! 네? 운 나쁘게 극대기에 딱 걸리셨다고요? 만약 그렇다면 해드릴 건 없고, 함께 울어드리겠습니다. 흑흑흑…

하지만 너무 걱정하진 마세요. 태양의 흑점 외에도 지구와 우리의 삶에 영향을 끼치는 요소들은 굉장히 다양하니까요!

CHAPTER 2

신기한 동물 이야기

동물이 스스로 사회적 거리두기를 한다고?!

여러분, '사회적 거리두기' 잘하고 계신가요? 코로나19 확진자가 급증하면서, 우리는 전염병이 퍼지는 것을 막기 위해 서로 일정한 거리를 유지하고 있습니다. 저도 사람 많은 곳은 피하고, 친구들과 만남도 미루고, 외식보다는 포장이나 배달을 이용하는 등 최대한 안전거리를 지키고 있는데요.

그런데! 자연은 이미 인간보다 한~참 전부터 '사회적 거리두기'를 하고 있었다고 합니다.

"엥? 누가 시킨 것도 아닌데 알아서 사회적 거리두기를 한다고요?!"

네! 스스로 몸을 지키기 위해서요! 정말 신기하죠?

● ● ●

인간은 아프면 병원에 가서 주사도 맞고, 약도 먹습니다. 하지만 야생동물들은 이런 치료를 받을 수 없는데요. 그래서 동물들은 감염병에 걸리면 '본능적으로' 다양한 행동을 통해 종족의 안전을 지킵니다.

예를 들어 설명해볼게요. 우리는 가족 중 누군가 감기에 걸리면 김치찌개를 먹을 때 그릇에 따로 덜어 먹습니다. 컵이나 수건도 따로 쓰죠. 그렇다면 동물들은 병에 걸리면 어떻게 행동할까요? 우리처럼 밥도 따로 먹고, 신체접촉을 피할까요?

1. 흡혈박쥐

포유류의 수명은 대개 몸 크기에 비례합니다. 거대한 북극고래는 평균 268세까지도 살지만, 조그마한 쥐는 기껏해야 3년 정도 살죠. 그런데 박쥐는 이 규칙에서 예외입니다. 같은 무게의 다른 동물보다 무려 8배나 더 오래 살거든요. 박쥐의 장수 비결은 대체 뭘까요? 혹시, **'암브로시아'**의 혈장 수혈처럼 젊은 동물의 피를 빨면 회춘할 수 있는 건 아닐까요?

박쥐의 충격적인 비밀을 설명드리기에 앞서, 흡혈박쥐가 어떤 녀석인지 먼저 알려드릴게요.

주먹보다 작은 흡혈박쥐들은 이름처럼 다른 동물의 피를 빨아먹고 삽니다.(헙… 역시 수혈이 회춘의 비결이었던 걸까요?) 그들은 사냥감 근처에 몰래 기어가 날카로운 이빨로 피부에 상처를 냅니다. 그리고 마취 성분이 있는 침으로 상처 부위를 마비시켜 천천히 핥아먹죠. 설명을 들어보니 무시무시한 뱀파이어보단 성가신 모기에 가깝네요.

그런데 제럴드 윌킨슨(Gerald Wilkinson) 메릴랜드대 교수에 따르면, 흡혈박쥐는 엄청나게 사회적인 동물이라고 하는데요.[1] 그리고 이 사회성이 이들의 수명 연장에 큰 도움이 된다네요.

흡혈박쥐는 매일 자기 몸무게의 반이 넘는 피를 마셔야만 합니다. 하지만 매번 사냥에 성공할 수는 없는 법. 그날따라 운이 좋지 않았던 박쥐가 터덜터덜 집에 돌아오면, 사냥에 성공해 배가 빵빵한 박쥐가 굶주린 박쥐에게 다가갑니다. 그리고…

"우웩!"
자신이 먹은 피를 토해 기꺼이 나눠줍니다.

은혜를 입은 박쥐는 도와준 동료의 털을 정성스레 골라주기도 합니다. 그리고 사냥에 성공했을 때, 그 은혜를 반드시 갚죠. 놀라운 건 같은 혈족뿐 아니라 모르는 사이에서도 이렇게 협동적이라는 건데요. 인간보다 더 인간적인 이 *끈끈*한 우정은 생존에 큰 도움을 줍니다. 그런데 만약 한 마리라도 전염병에 걸린다면? 병이 순식간에 퍼질 수 있죠. 그 때문에 아픈 흡혈박쥐들은 서로 털 고르기를 하지 않고 '사회적 거리두기'를 합니다. 하.지.만!

---

1 Reciprocal food sharing in the vampire bat / Gerald S. Wilkinson / NATURE / 1984.03

"야, 몸이 안 좋을 때는 잘 먹어야 돼!"
아픈 친구에게 피를 나눠주는 행위는 멈추지 않습니다. 훈훈하네요.

2. 닭새우

아픈 동료를 뿌리치지 못하는 흡혈박쥐와 달리, 얄짤 없이 바로 손절해버리는 동물도 있다고 하는데요? 그건 바로 냉혹한 손절의 대명사, 닭새우입니다.

닭새우는 평소 산호초나 바위틈에서 무리 지어 삽니다. 그런데 친구들과 도란도란 잘 지내다가도, 누군가 병에 걸리면 그 즉시 둥지를 버리고 바닷속으로 뿔뿔이 흩어져 버리죠.

"야… 나 오늘따라 몸이 으슬으슬 떨리고 이상해…"
"뭐? 정말?!"
(뒷걸음질 치며) "많이 아프겠다."
(저~ 멀리에서) "아유 참, 아파서 어떡하냐?"

…손절!

그런데 닭새우들은 동료가 아픈 걸 어떻게 알고 빛의 속도로 손절하는 걸까요? 정말 저렇게 대화를 나누는 것도 아닐 텐데 말이죠. 그 이유를 알기 위해 과학자들은 한 가지 실험을 진행했습니다.[2] 그 방법은 살짝 엽기적인데요. 바로 병에 걸린 닭새우의 배설기관을 접착제로 밀봉해본 겁니다. 잠깐만! 똥꼬에 접착제를 붙였다구요? 이거 너무한

거 아닌가요?!

크흠! 어찌 됐든 그랬더니, 놀랍게도 감염된 닭새우가 섞여 있는 걸 아무도 눈치채지 못해 무리가 유지됐다고 합니다. 즉, 닭새우들은 서로의 배설물을 통해 병에 걸렸는지 아닌지 판별할 수 있었던 거죠.

"너, 오늘따라 오줌 냄새가 좀 시큼하다?"

손절!

실험 결과만 보면 닭새우가 너무 매정해 보이나요? 너무 야박하다 생각하지 말아주세요. 사실 뿔뿔이 흩어지는 이 행위는 목숨을 걸고 하는 거거든요. 닭새우는 무리생활함으로써 서로를 보호합니다. 따라서 무리를 이탈하면 자신에게도 굉장히 위험하죠. 그런데도 누군가 감염되었다는 걸 눈치채자마자 손절하는 건, 바이러스가 퍼지면 다 같이 죽어버릴 수도 있기 때문입니다. 어쩔 수 없는 선택이라고요.

3. 꿀벌

인간 사이에 코로나19가 유행하듯, 꿀벌 사이에서 유행하는 바이러스가 있습니다. 이스라엘에서 처음 발견되어 '이스라엘 급성 마비 바이러스'라고 불리는

---

2 Emerging infectious disease and the challenges of social distancing in human and non-human animals / Andrea K. Townsend, Dana M. Hawley, Jessica F. Stephenson and Keelah E. G. Williams / The Royal Society / 2020.08

'IAPV' 바이러스인데요. 이 바이러스에 감염되면 날개를 바들바들 떨다가 온몸이 마비되고, 결국 죽음에 이르죠.

그런데 문제는 꿀벌도 흡혈박쥐처럼 배고픈 동료에게 먹이를 토해 전달하는 '영양 교환' 활동을 한다는 겁니다. 입에 있는 먹이를 다른 동료와 나누면 자연스럽게 서로의 침이 섞이기 때문에 전염병에 취약할 수밖에 없습니다. 꿀벌 역시 몇 마리만 감염되어도 군집 전체가 붕괴할 수 있는 거죠.

동료가 IAPV에 걸리면 꿀벌들은 어떻게 대처할까요? 미국 일리노이대 연구진은 이에 대해 흥미로운 연구 결과를 발표했습니다.[3] 연구진은 먼저 꿀벌 900마리의 등에 식별 기호를 붙이고, 이 중 90~150마리를 IAPV에 감염시켰습니다. 그리고 5일간 이들의 움직임을 특수 카메라로 관찰했죠. 그 결과 IAPV에 감염된 꿀벌에게는 동료의 '영양 교환' 행동이 절반으로 감소했다고 합니다. 일종의 사회적 거리두기를 실천한 셈이네요.

꿀벌들은 동료가 IAPV에 감염된 사실을 대체 어떻게 알았을까요? 연구진에 따르면 꿀벌들은 고유의 면역 체계로 이상 신호를 감지해, 본.능.적.으로 감염체와 접촉을 피한다고 합니다. 한마디로 누가 병에 걸리면 왠~지 느낌이 싸한 '촉'이 온다는 건데요. 와… 거참 되게 편해 보이네요. 우리도 그런 촉을 느낄 수 있다면, 바이러스에 감염되는 사람의 수가 확 줄어들 텐데 말이죠.

---

3 Honey bee virus causes context-dependent changes in host social behavior / Amy C. Geffre, Tim Gernat, Gyan P. Harwood, Beryl M. Jones, Deisy Morselli Gysi, Adam R. Hamilton, Bryony C. Bonning, Amy L. Toth, Gene E. Robinson, and Adam G. Dolezal / PNAS / 2020.05

잠깐! 놀라운 사실은 여기서 끝이 아닙니다.

성체뿐만 아니라 꿀벌의 애벌레들도 바이러스에 감염되면 스스로 화학물질을 분비해 '저, 병 걸렸어요'라고 알려준다는데요. 이를 감지한 꿀벌들은 애벌레의 요청대로, 그 애벌레를 군집 밖으로 내다 버립니다. 아니 그 어린것이 뭘 안다고… 흑흑… 마음이 짠하네요. 애벌레에 대하여 묵념!

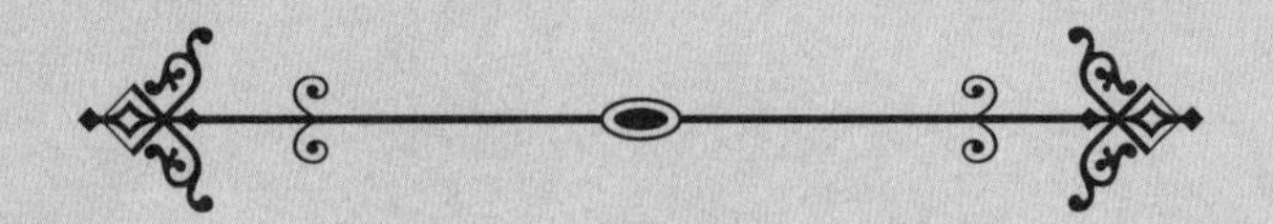

약이나 주사가 따로 있는 것도 아니고, 무리를 통제하는 법이나 규칙이 있는 것도 아닌데, 이렇게 훌륭하게 대응하다뇨! 동물들의 사회적 거리두기에 대해 알아보며, 다시 한번 자연의 경이로움에 불…, 아니아니, 이마를 탁 치게 됩니다.

우리 인간도 어서 빨리 코로나19를 극복했으면 좋겠네요. 답답한 마스크를 벗고 친구들과 웃는 얼굴로 마주 보며 이야기하는 날이 오는 그날까지, 조금 힘들더라도 사회적 거리두기! 조금만 더 힘내보자고요~!

* 이 꼭지는 영상으로 보시면 더 재미있어요.
유튜브 <떠먹여주는 과학>채널에서
영상으로도 만나보세요!

조개도 눈이 있다? 그것도 200개나!

쌀쌀한 날씨가 다가오면 괜스레 생각나는 장소가 있습니다.

바로…, 바다죠!

'나 오늘 왠지 운치를 느끼고 싶다'하면, 책 한 권 들고 겨울 바다를 만끽하러 가보세요. 도착한 지 5분 만에 엄청난 강풍을 맞고, 머리는 온통 산발이 되어, 덜덜 떨면서 근처에 있는 조개 구이집으로 피신해, 운치는 나발이고 일단 가리비 모둠 구이를 시키고 있는 자신을 발견하게 될 테니까요.

폼 잡으려 입었던 트렌치코트를 벗어 던지고 열심히 가리비를 먹으며 행복해하고 있을 때! 갑자기 이런 생각이 듭니다. '얘네는 좋겠다. 운치 있는 겨울 바닷속에 사니 말이야. 그런데 얘네, 그 운치를 즐길 수는 있나? 눈이 없잖아.'

그때, 어디선가 들려오는 목소리.

"무슨 소리 하시는 거예요? 방금까지 맛있게 제 눈을 먹어 놓고."

응? 가리비도 눈이 있어?

● ● ●

맞아요. 가리비도 눈이 있습니다. 심지어 가리비만 눈이 있는 게 아니라, 전복과 소라에게도 눈이 있죠. 그런데 왜 유독 가리비만 콕 집어서 얘기하냐구요? 그 이유는 지금부터 이해하시게 될 거예요.

오늘의 주인공 가리비의 모습을 살펴봅시다. 흠, 그냥 맛있어 보이는데요? 좀 더 자세히 보죠.

그런데 잠깐!

그동안 가리비를 좋아했던 사람이라면 이제 가리비가 싫어질 수 있고, 가리비를 싫어했다면 더 싫어질 수 있으니 주의하세요. 궁금함을 참지 못하고 본다면 말리지는 않겠어요. 그런데 전 분명히 경고했습니다!

껍질 사이로 보이는 속살에 다닥다닥 달라붙어 있는 것들. 이게 전부 다, 가리비의 눈입니다. (*우웩!*) 다 합치면 200개나 되죠. 보통 조개의 눈은 '어둡다', '밝다'를 구분하는 정도로만 기능하지만, 가리비의 눈은 포식자가 다가오는 것을 감지할 수 있을 정도로 기능도 훌륭합니다.

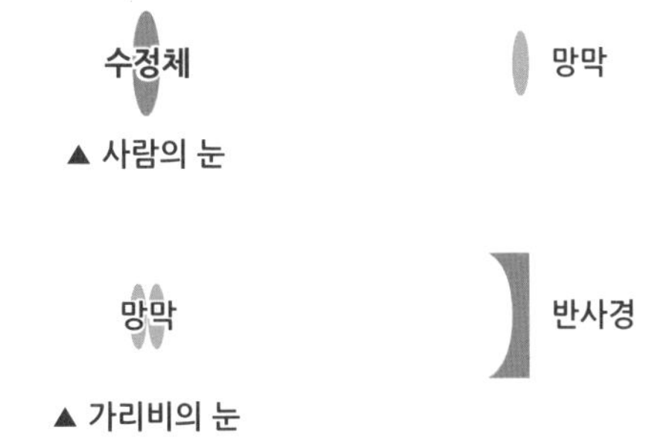

▲ 사람의 눈

▲ 가리비의 눈

우리 눈이 '들어오는 빛을 볼록렌즈 모양의 수정체로 조절해 망막에 상이 맺히도록 하는 카메라'라면, 가리비의 눈은 '오목거울처럼 생긴 반사경을 통해 빛을 반사해 망막에 상이 맺히도록 하는 반사망원경'이라고 할 수 있는데요. 가리비의 눈 속에는 나노미터 크기의 사각형 거울 수백만 개가 마치 타일을 발라놓은 것처럼 배치되어 있습니다. 이 무수한 반사경 앞엔 무려 두 개의 망막이 있죠.

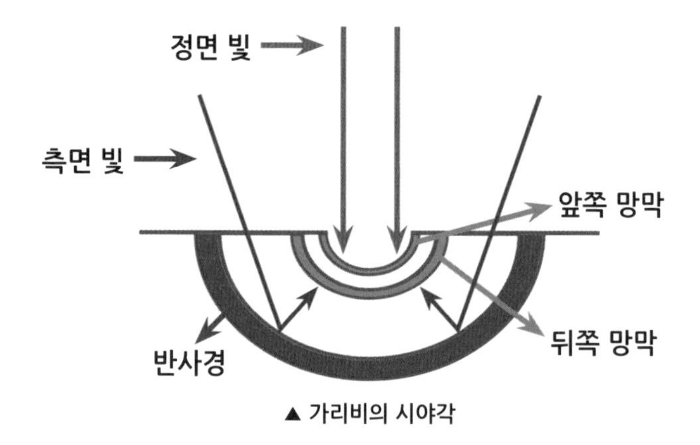

▲ 가리비의 시야각

정면으로 오는 빛(주황색 선)은 앞쪽 망막에 초점이 맞춰집니다. 이 앞쪽 망막은 포식자가 다가오면 드리워지는 그림자를 인식합니다. 덕분에 가리비는 누가 자기를 잡으러 오는 걸 인지하고 후다닥 도망갈 수 있죠. 한편, 가리비의 측면으로 오는 빛(파란색 선)은 앞쪽 망막에 초점이 잘 맞지 않습니다. 대신 망막 뒤에 있는 반사경을 통해 반사되어 뒤쪽 망막에 맺힙니다.

서로 다른 특징을 가진 두 개의 망막 덕분에 가리비는 정면과 측면을 한꺼번에 볼 수 있습니다. 하지만 초점이 잘 맞는 부위가 한정되어 있으니 온몸에 눈을 200개나 다닥다닥 두를 수밖에 없었던 겁니다. 보기엔 좀 징그럽지만, 포식자는 재빨리 피하면서 동시에 밑바닥의 먹이까지 잘 찾아낼 수 있다니 정말 대단하죠?

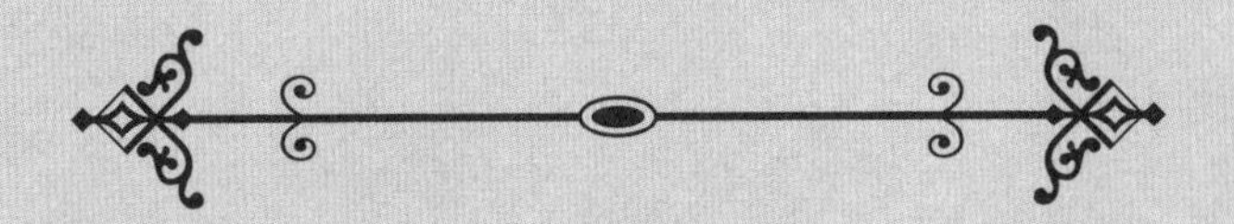

이렇게 알고 보니, 가리비…, 징그러운 한편 정말 대단하네요. 눈의 구조가 놀랄 만큼 정교하고 복잡한 게, 내가 이걸 먹어서 없애버려도 되나 싶습니다. 그런데 어쩌겠어요. 엄청난 눈의 기능과는 별개로 가리비는 너무 맛있는 것을.

다 알아요. 이 사실을 알게 된 여러분은, 며칠은 징그럽다는 생각에 "이제 가리비 못 먹을 것 같아~"라고 이야기하겠지만, 가리비 맛이 한껏 오른 겨울이 오면 모든 걸 뒤로한 채 다시 바다로 돌아올 거라는 걸. 그리고 또 트렌치코트를 벗고 산발이 된 머리를 정리하며 가리비 먹방을 펼칠 거라는 걸요.

* 이 꼭지는 영상으로 보시면 더 재미있어요.
유튜브 <떠먹여주는 과학>채널에서
영상으로도 만나보세요!

우리나라에서 '식인 물고기' 피라냐가 발견됐다

"이…, 이게 뭐야! 아아악!"

2015년, 강원도 횡성. 낚시꾼의 그물에 '이곳에서 절대로 잡혀서는 안 되는' 충격적인 것이 걸려 올라옵니다.

그건 바로!
작은 톱날 같은 날카로운 이빨로 인간의 손가락이나 발가락도 한 번에 잘라낸다고 알려진 '식인 물고기' 피라냐!

저 멀리 아마존강에서나 사는 피라냐가 어째서 이곳 강원도에서 발견된 걸까요?

1. 피라냐에게 물어뜯겨 숨진 6세 소녀

피라냐의 무자비한 습격에 당하면 인간도 살아남기 힘듭니다.

▲ 피라냐의 날카로운 이빨이 보이시나요?

실제로 2015년 브라질에서는 여섯 살 소녀가 피라냐에 살점을 뜯겨 숨진 끔찍한 사고도 있었죠. 가족들과 함께 보트를 타고 놀던 중 배가 뒤집히는 바람에 물에 빠졌다가, 갑자기 몰려든 피라냐 떼에 무참히 물어뜯긴 건데요.

아르헨티나에서도 무려 70여 명이 집단으로 당했습니다. 수영하며 크리스마스 연휴를 즐기던 시민들이 피라냐의 친척쯤 되는 식인 물고기 팔로메타에게 공격받았죠. 날카로운 이빨에 사람들의 살점은 뭉텅뭉텅 떨어져 나갔습니다. 몇몇 어린아이의 손가락, 발가락은 절단되기까지 했습니다.

전 세계를 충격에 빠트렸던 이 소식들을 듣고, '휴, 사람도 잡아먹는 식인 물고기라는데 우리나라엔 없으니 정말 다행이야!'라고 생각하셨다면, 오늘부터는 조심하시는 게 좋을 겁니다. 이 피라냐가 강원도 횡성에서 발견되었거든요.

2. 강원도에서 발견된 식인 물고기 피라냐

▲ 붉은배피라냐

2015년 강원도에서 발견된 피라냐는 같은 피라냐종 가운데서도 가장 포악한 것으로 알려진 '붉은배피라냐'로 밝혀졌는데요. 누군가 관상용으로 키우던 것을 몰래 버린 것으로 추정됩니다.

당시 전국은 말 그대로 한바탕 뒤집어졌습니다. 피라냐가 발견되었던 당시는 7월이었는데요. 전국민이 물놀이를 즐길 시기임과 동시에, 본격적인 농사철을 앞두고 비가 내리지 않아 물을 넉넉히 비축하는 게 중요한 때였죠. 한마디로 저수지에 문제가 생기면 농사에 차질이 생길 수 있는 상황!

하지만 환경 당국은 어쩔 수 없이 피라냐가 발견된 저수지의 물을 싹 뺐습니다. 이어 인근 강과 연결된 배수구까지 모두 폐쇄했죠. 그 후 혹시나 남아 있을지 모를 피라냐를 찾기 위해 밤낮으로 수색했습니다.

한참 물놀이를 즐길 시기, 전 국민은 '혹시'라는 생각에 불안에 떨었습니다. 한편, 지독한 가뭄에 농업용수를 내다 버리는 걸 봐야 하는 농민들의 속은 타들어갔고요. 이 사건 이후, 피라냐는 '위해우려종'으로 지정되어 국내반입이 금지되었죠.

하지만 여러분, 지금 스마트폰을 들어 인터넷에 '피라냐 분양'을 검색해보시겠어요? 놀랍게도 최근까지 개인 판매자들이 활발하게 거래 중이라는 걸 알 수 있습니다.

그런데 이렇게 거래된 피라냐를 키우다가, 크기가 너무 커져 부담스럽다는 이유로 간혹 아무 강이나 바다에 몰래 풀어놓는 경우가 있습니다. 잠깐! 그렇다면 혹시 이렇게 풀려난 피라냐가 우리나라 강과 저수지를 장악하지는 않을까요?

다행히도 전문가들은 피라냐는 아열대성 어종이라 온대 기후인 우리나라에서는 살아남기 쉽지 않다고 말합니다. 겨울이 되어 -20℃~10℃ 이하로 떨어지면 추위를 견디지 못하고 죽어버리기 때문이죠.

그러나 동시에 전문가들은 환경의 변화로 인해 차가운 수온에도 적응한 '변종 피라냐'가 등장할 가능성은 항상 있다고 말합니다. 과거 붉은귀거북이나 뉴트리아, 황소개구리 등의 외래종이 우리나라 환경에 적응했던 사례로 미루어보면, '우리나라는 피라냐로부터 무조건 안전하다!'라고 장담하긴 힘들다는 거죠.

만약 '변종 피라냐'가 살아남아 우리나라에 퍼지게 된다면,
어떤 일이 일어날까요?

3. 우리나라에 피라냐가 퍼진다면?

▲ 남미에 서식하는 큰수달

피라냐의 고향 남미에는 피라냐의 천적인 큰수달이 있습니다. 아마존 강의 대표 깡패인 큰수달은 그 무서운 피라냐도 와그작 와그작 씹어 삼켜버립니다. 왼쪽 사진 보이시죠? 피라냐도 큰수달 앞에선 한입 간식일 뿐입니다.

하지만 우리나라엔 이 큰수달이 없습니다. 그러니 만약 피라냐가 우리나라 기후에 적응해버린다면, 더욱더 빠르게 퍼질 가능성이 높죠. 그렇게 되면 계곡에서 물놀이 하던 사람들이 물려, 브라질이나 아르헨티나의 사례처럼 크게 다치거나 어린아이의 경우 죽을 수도 있는데요.

전문가들은 혹시 피라냐를 마주친다면 이렇게 대처하라고 말합니다.

일단 첫째, 몸에 생긴 상처를 가리고 가능한 모든 방법을 동원해 출혈을 막아야 합니다. 피라냐는 상어처럼 피 냄새를 맡고 달려들거든

요. 따라서 몸이 좋지 않거나 상처가 있다면 어느 정도 회복될 때까진 물가를 피하는 것이 좋습니다.

둘째, 절대로 소리를 지르거나 첨벙대지 않고, 최대한 조용히 또 신속하게 피해야 합니다. 허둥대며 물을 튀기면 피라냐는 **'근처에 곤경에 처한 먹이가 있군. 얼른 가서 잡아먹어야겠어.'**라고 생각하고 탐색에 나서기 때문이죠.

사실 피라냐는 '식인 물고기'로 알려진 것과 달리 자극받지 않는다면 인간을 먼저 공격하는 일은 드물다고 합니다. 피라냐는 피와 소음에 끌리기 때문에 이 두 가지 요소만 최소화한다면 안전하게 피할 수 있습니다. 물론 우리나라에 '변종 피라냐'가 퍼질 확률은 낮지만, '혹시 모르니' 알아 두는 게 좋겠죠?

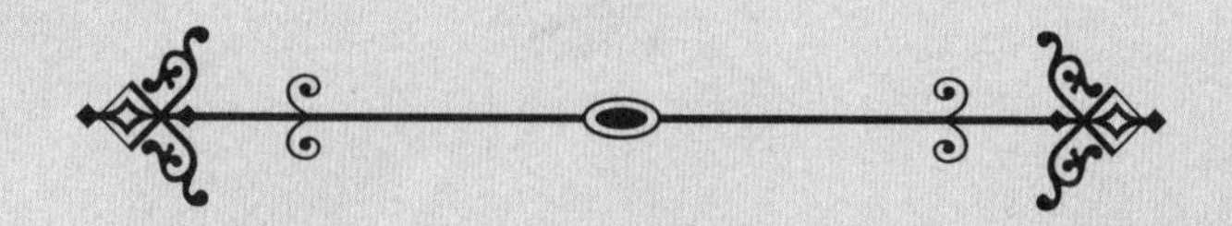

‘나와는 관련 없는 위험’이라 생각했던 피라냐가 우리나라에서 발견되었다니! 정말 끔찍한 소식인데요. 개인 간 거래까지 막을 수는 없겠지만, 관상용 물고기는 함부로 풀어놓지 않는 것이 중요하겠죠?

생태계 교란을 조심하지 않으면 영화 <피라냐>처럼 끔찍한 재앙이 우리에게 닥칠 수도 있으니까요.

강아지, 고양이도 사춘기를 겪는다?

"끼잉, 낑낑…"
"얘가 요즘 왜 이래?"

산책길에서 제멋대로 더 멀리 가려 하는 강아지 치즈. 어어?! 힘으로 날 끌고 가더니, 끝내 저 멀리 달려가버립니다.

"야, 어디 가! 치즈, 이리 와!"

저거 저거, 돌아오라는 부름을 분명 들었을 텐데 내 말을 깔끔하게 무시해버리네요. 너 인마 넌 오늘 간식 없다. 그렇게 힘든 산책을 끝내고 집으로 돌아왔습니다. 피곤한 몸을 누이고 한숨 붙이려는 순간!

"애옹~! 애애오우오옹!!!"
"아유 시끄러워. 쟤는 요즘 밤마다 또 왜 저래?"

고양이 꾸꾸가 악을 쓰고 울어댑니다. 밤낮을 가리지 않고 구슬피 우는데, 밥 달라는 것도 아니고, 화장실 치워달라는 것도 아니고, 또 놀아달라는 것도 아니고요. 대체 왜 저러는지는 몰라도 도저히 잠을 잘 수가 없습니다. 정말 미칠 것 같아요!

…왜 이러는 걸까요?

어? 잠깐만. 왠지 모를 기시감이 드는데요? 아까 챕터 1의 두 번째 꼭지에서 인간의 사춘기가 왜 그렇게 지랄맞은지 알아봤는데요. 인간 청소년만 감정 기복이 심하고 제멋대로 행동하는 '사춘기'를 겪는 게 아니랍니다. 강아지, 고양이도 청소년기가 되면 막 나가는 사춘기를 겪는다는 사실!

이번에는 질풍노도의 '개춘기', '묘춘기'에 대해 알아볼게요.

1. 지지리도 말 안 듣는 강아지 사춘기, '개춘기'

강아지의 경우 생후 6개월경이 되면 호르몬이 재구성되고 몸에 변화가 오면서 성적으로 성숙하게 됩니다. 시기상으로 보면 암컷은 첫 발정기를 맞이할 무렵, 수컷은 마킹이 시작될 무렵인데요. 철부지 청소년견에서 듬직한 성견으로 넘어가는 과도기. 이때를 '미성숙기'라고 합니다. 이 시기가 딱 인간의 사춘기와 비슷하다고 해서 '개춘기'라는 별명이 붙은 거랍니다.

그동안은 개를 많이 키워본 보호자들이 감으로 '어? 잠깐만. 한두마리만 그런 게 아니라 대부분 이런 증상을 보이는 걸 보면, 강아지도 사춘기가 있는 것 같은데?'라고 추측하는 게 전부였는데요. 최근 강아지 사춘기, '개춘기'가 있다는 게 과학적으로 밝혀졌습니다.

루시 애셔(Lucy Asher) 영국 뉴캐슬대 박사팀은 2020년 5월, 과학 저널 <바이올로지 레터>에 개춘기와 관련된 논문을 발표했습니다.[1] 연구팀은 안내견 훈련을 받고 있는 래브라도 리트리버, 골든 리트리버, 저먼 셰퍼드를 대상으로 연구를 진행했는데요.

실험 결과 개춘기를 겪는 8개월령의 강아지 80마리는 5개월령 강아지 82마리에 비해 말을 잘 듣지 않았습니다. 이미 배운 '앉아'라는 명령에 따르지 않고 딴청을 피웠죠. 8개월령 강아지가 보호자의 명령을 무시할 가능성은 5개월령 강아지보다 거의 2배 가까이 높았는데요. 재미있는 점은 주인 말이 아닌 낯선 사람의 말은 오히려 잘 들었다는 겁니다.

'저 시기의 강아지들…, 뭔가 익숙한 냄새가 난다.'

개춘기 강아지들의 행동에서 본인이 10대 시절 부리던 흑염룡의 기운을 느낀 연구팀은 이번에는 생후 5~8개월의 강아지 285마리와 보호자를 상대로 설문조사를 해봤습니다. 설문지에는 '반려견이 보호자

---

1 Teenage dogs? Evidence for adolescent-phase conflict behaviour and an association between attachment to humans and pubertal timing in the domestic dog / Lucy Asher, Gary C. W. England, Rebecca Sommerville and Naomi D. Harvey / Biology Letters / 2020.05

와 얼마나 가까이 앉으려고 하나요?', '반려견에게 어떤 명령을 했을 때, 즉각적으로 반응하나요?', '반려견이 보호자와 분리되었을 때, 불안감을 많이 느끼나요?' 등의 질문이 들어 있었는데요.

결과는 역시 비슷했습니다. 개춘기의 강아지들은 이미 배운 명령을 대놓고 무시하거나, 줄을 풀어놓고 "이리 와!"라고 했을 때 즉각 따르지 않는 비율이 높았죠. 또 평소 보호자와의 관계가 안정적이지 못했던 강아지일수록 이 시기에 더 많은 갈등이 발생했다고 하는데요. 이것마저 사람과 비슷하죠?

실험을 이끈 애셔 박사는 "개춘기에 접어든 5~8개월 차 강아지에게 훈련을 시키려다 너무 힘들다며 포기하는 보호자들이 있어요."라며, "인간의 10대처럼 개춘기는 일시적일 뿐이에요. 말을 듣지 않는다고 과하게 야단치면 이상행동이 더 심해질 뿐입니다. 충분히 여유를 가지고 지켜본다면 곧 괜찮아질 거예요."라고 전했습니다.

2. 개춘기, 큰 말썽 없이 잘 넘기는 법?

보호자도 힘들고, 반려견도 힘든 개춘기. 해결책은 없는 걸까요? 있습니다. 정답은 바로, 주인이 부지런해지는 겁니다.

1) 산책 시간 바꾸기

개춘기의 강아지는 호기심과 에너지가 왕성합니다. 그 넘치는 에너지를 해소하기 위해 산책과 놀이 시간을 늘려주세요. 반려견이 너무 힘차서 감당이 힘든 경우 오후나 저녁 시간에 하던 산책을 이른 아침으로 바꿔주면 도움이 됩니다.

2) 자율급식으로 바꾸기

성장기임을 고려해 사료를 평소 먹던 양보다 많이 주고 있는데도 강아지가 먹는 것에 유독 집착하나요? 그동안 사료를 제한 급식으로 급여했다면, 개춘기 시기만큼은 자율급식으로 변화를 주세요. 배고픔으로 인한 탐닉 행동을 예방할 수 있답니다.

3) 단호한 훈육과 아낌없는 칭찬

규칙을 정해 두고 짖거나 무는 등의 행동을 한다면 단호하게 안 된다고 알려주세요. 하지만 너무 과한 훈육은 안 하느니만 못하다는 거, 다들 사춘기 겪어봐서 아시죠? 강아지가 잘 따라오면 칭찬도 아낌없이 해주세요.

반려견의 사춘기는 영원하지 않습니다. 조금만 더 주의 깊게 살피고 신경 써 주면 혈기왕성한 말썽꾸러기 강아지도 언제 그랬냐는 듯 다시 안정될 거예요.

3. 집사를 힘들게 하는 고양이 사춘기, '묘춘기'

이유 없이 찾아왔다 홀연히 사라진다는 사춘기. 인간과 강아지뿐 아니라 고양이에게도 존재합니다. 고양이 역시 생후 5~6개월경이 되면 암컷은 발정을, 수컷은 영역표시를 시작하게 됩니다. 이 시기가 되면 일시적으로 사람을 피하기도 하고, 한 집에 여러 고양이가 있다면 고양이들끼리 자주 다투기도 하죠.

고양이 사춘기는 암컷과 수컷이 조금 다른 양상을 보이는데요. 암고양이의 경우 지나치게 애교가 많아집니다. 집사의 몸이나 손에 몸을 비비고, 땅바닥에 몸을 뒹굴며 곳곳에 본인의 냄새, 즉 페로몬을 묻히죠. 또, 밤낮 가리지 않고 마치 갓난아기가 울듯 구슬프게 웁니다. 수고양이에게 자신이 발정 중임을 알리는 이 행동을 '콜링'이라고 합니다. 혹시라도 수고양이가 이 소리를 들으면 호응해 큰 소리로 따라 울기 때문에 불쌍한 집사는 뜬눈으로 밤을 지새우게 되죠.

암컷의 발정기는 6~10일 정도 지속하는데요. 수일에서 수개월 휴지기를 거친 뒤 다시 발정이 시작됩니다. 발정이 반복될수록 발정기가 길어지고 휴지기가 짧아지는데, 심하면 1년에 20번까지 발정합니다.

수고양이의 경우 발정 시기가 따로 정해져 있지 않습니다. 대신 발정기 암컷의 페로몬을 맡으면 그것에 반응하죠. 문제는 집사들은 그 냄새를 맡을 수 없지만, 암고양이의 냄새가 꽤 먼 곳까지 퍼진다는 겁니다. 저 멀리서 길고양이 암컷이 뿜어낸 페로몬이 우리 집 수고양이에게 닿는 일도 꽤 흔하죠.

암컷의 페로몬을 감지한 수고양이는 집 안에서 영역표시를 시작합니다. 냄새가 강한 소변을 이곳저곳에 조금씩 뿌리는 건데요. '스프레이'라고 하는 이 행동은 "여기는 내 영역이니까 넘보지 말라옹!"하고 다른 수컷에게 경고하는 의미와 "나 여기 있다옹, 오늘 뜨거운 밤 보내고 싶으면 여기로 오라옹."하고 발정기의 암컷을 초대하는 의미를 갖고 있습니다.

한편, 우리 집 고양이가 집 안 구석구석 소변을 뿌리면 집사의 마음은 찢어집니다. 어제 새로 산 내 베개! 비싼 돈 주고 장만한 소가죽 소파! 아침 일찍 줄 서서 겨우 구한 한정판 작가 사인본!까지 아주 남아

나는 게 없죠. 따라서 묘춘기의 수고양이가 아무 데나 스프레이를 한다면, 화장실을 제대로 마련하고 배변 교육을 해줘야 합니다.

또 수고양이는 암컷 길냥이의 냄새를 맡으면 사랑을 찾아 밖으로 나가려고 하는데요. 뜨거운 밤의 유혹 앞에서 집사 따위는 순식간에 잊힙니다. 창문의 방충망을 뜯고 나가는 건 예사요, 몸집이 작은 고양이의 경우 좁은 문틈으로도 유연하게 탈출해버리죠. 아, 안 돼…, 꾸꾸야 돌아와!

4. 묘춘기, 어떻게 대처해야 할까?

개춘기만큼이나 힘든 묘춘기! 역시 해결책은 있습니다. 사실 대부분의 문제는 이거 하나면 해결되는데요. 첫 번째 방법은 바로…,

1) 중성화 시키기

성별에 관계없이 첫 발정이 오기 전 중성화 수술을 하면 앞서 언급한 모든 행동이 크게 억제됩니다. 단, 수고양이는 이미 발정기를 겪어 스프레이를 해본 경우 중성화 후에도 문제행동을 멈추지 않는 경우가 있습니다. 또 암고양이의 경우 중성화를 하지 않으면 자궁에 문제가 생겨 병원 신세를 질 수도 있죠. 따라서 고양이 중성화는 빠르게 결정하는 게 좋습니다.

2) 방묘창, 안전문 설치

아까 수고양이가 발정기의 암컷 냄새를 맡으면 탈출 시도를 한다고 했는데요. 사실 고양이는 호기심이 많은 동물이라 딱히 발정기가 아니더라도 언제든 훌쩍 나갈 수 있답니다. 고양이 잃고 외양간 고칠 순 없겠죠? 탈출을 막기 위해 방묘창, 안전문 등을 미리미리 설치해 두는 게 좋습니다.

3) 손 말고 장난감으로 놀아주기

묘춘기의 고양이는 갑작스럽게 흥분해 집사를 물거나 공격하는 경우도 있는데요. 이를 예방하기 위해 사냥 본능을 충족시켜주면 좋습니다. 손으로 놀아주면 손을 사냥하는 버릇이 들 수 있으니 장난감을 활용해 놀아주세요. 넘쳐나는 에너지를 발산할 수 있도록 캣타워나 캣폴을 마련해 수직 운동을 유도하는 것도 좋습니다.

4) 구강관리

고양이는 사춘기 때 이갈이도 합니다. 이때 출혈이나 구취를 동반한 치은염이 발생할 수 있죠. 묘춘기 시기부터 구강 관리를 잘 하지 않으면, 이른 나이에 이가 빠지거나 치주염으로 진행될 수 있으니 매일 밤 잊지 말고 꼼꼼히 양치해주세요.

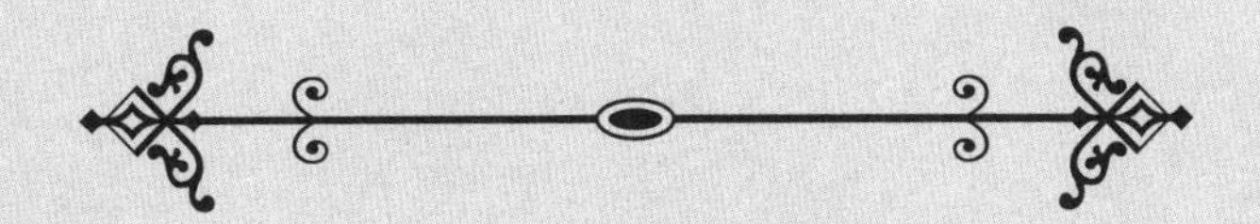

낯선 사람의 말은 잘 들어도 주인 말은 도통 듣질 않는 개춘기 강아지와 밤새도록 목청껏 울어젖히는 묘춘기 고양이.

강아지와 고양이에게도 사춘기가 있다는 걸 모르는 사람들은 이 시기, 이상하게 말을 듣지 않는 반려동물을 보호소로 보내거나 길가에 내버리기도 합니다.

하지만 여러분! 동물은 귀여워서 샀다가 귀찮아지면 버리는 물건이 아닙니다. 또 다들 아시겠지만 사춘기는 잠깐이죠. 인내심을 가지고 사랑과 관심을 표현해주면 개춘기, 묘춘기도 잘 넘길 수 있답니다.

반려동물에게도 보호자에게도 힘든 동물의 사춘기. 잘 극복해 평생 함께하는 동반자가 되어주시길 바랍니다.

네모 모양 알을 낳는 새가 없는 이유

만약 여러분이 책을 펼쳐 지금까지 쭉 읽었다면, 슬슬 몸이 뻐근할 시점이죠? 자리에서 일어나 부엌으로 가서 냉장고를 열어봅시다.

지금 여러분 냉장고 안의 달걀은 무슨 색인가요?

우리 집 냉장고의 달걀은 흰색이네요. 며칠 전 마트에서 본 달걀은 갈색이었고요. 달걀을 빤히 보고 있자니 갑자기 궁금해집니다. 달걀의 색은 어떻게 결정되는 걸까요? 정답은 바로, **'어미 닭의 색을 따라간**

다!' 흰색 닭은 흰색 달걀을, 갈색 닭은 갈색 달걀을 낳습니다. 비밀이 좀 싱겁나요? 영양에는 아무 차이가 없으니 취향대로 사면 됩니다.

그런데 한번 시작된 질문은 끊이질 않습니다. 그러고 보니 알은 왜 보통 타원형일까요? 더 똥그란 원형이거나, 혹은 네모 모양이면 안 되는 걸까요? 그리고 이 연약해 보이지만 단단한 껍데기를 새끼는 대체 어떻게 뚫고 나오는 걸까요?

달걀 꺼내서 프라이나 해 먹지 왜 이런 생각을 하냐구요? 아이참, 과학 좋아하는 여러분도 평소에 이런 생각 다들 하시면서! 이번 꼭지에서 다룰 주제는 바로 조류의 알에 관한 이야기입니다.

1. 알이 네모나거나 똥그랗다면?

달걀은 네모나지 않습니다. 동그랗죠. 뭐, 사실 그건 조금만 생각해보면 이해가 돼요. 네모 모양 똥을 싼다고 상상해보세요. 알이든 똥이든 네모 모양이라면, 각진 모서리에 여린 살이 찔려 너무너무 아플 것 같잖아요! 이왕이면 동그래서 마찰 없이 쏙 나오는 게 좋겠죠.

그런데 달걀이 '똥그랗지' 않고 '동그란' 건 조금 이상합니다. 달걀은 왜 완벽한 구형이 아니라 세로로 살짝 긴 타원형일까요? 사실 에너지 효율을 따져보면 타원형보다는 완벽한 구형 알이 훨씬 유리할 텐데 말이죠. 무슨 말이냐고요?

알껍데기의 주성분은 탄산칼슘입니다. 어미 닭은 자기 뼈에 있는 칼슘의 10%를 사용해 알 1개 분량의 껍질을 만들죠. 그런데 여러분도 알다시피, 질량이 같다면 구형이 다른 어떤 형태보다 부피가 작습니다. 따라서 만약 타원형이 아닌 구형 알을 낳는다면, 어미가 알을 만드는 데 필요한 칼슘이 덜 들 거예요. 그러면 어미 닭은 걸음마다 아이구, 아이구구, 앓지 않아도 되겠죠.

한편, 타원형 알보다 구형 알이 크기도 더 작습니다. 즉, 알을 낳을 때도 타원형보다 구형이 더 수월하다는 말이죠. 낳은 후에도 구형이 유리한 건 마찬가지입니다. 충격을 받아도 알이 데굴데굴 구르면서 충격을 흡수하기 때문에 와그작 깨져버릴 위험이 훨씬 줄어들죠. 그런데 왜 이 수많은 장점에도 불구하고 새의 알은 구형이 아닌 타원형일까요?

2. 새의 알이 타원형인 이유

메리 카스웰 스토다르드(Mary Caswell Stoddard) 미국 프린스턴대 교수팀은 이 궁금증을 해결하기 위해 약 5만 개의 알을 일일이 측정해 비교해봤습니다.[1] 알의 사진을 찍어서 대칭성과 길쭉한 정도를 기준으로 분류한 건데요.

그 결과 '잘 나는 새일수록 비대칭적인 타원형 알을 낳는다'는 관련성을 파악해냈죠. 얼마나 오래, 얼마나 멀리, 또 얼마나 높이 날 수 있는 새인지에 따라 알의 모양이 달라진다는 겁니다.

---

1 Avian egg shape: Form, function, and evolution / Mary Caswell Stoddard et al / Science / 2017.06

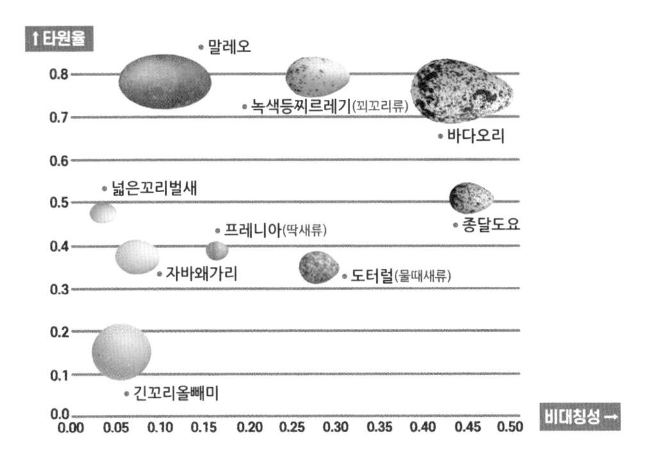

▲ 대칭성과 타원율로 본 새 알의 분류표

이 표를 함께 살펴볼까요? 가로축은 대칭성, 세로축은 길쭉한 정도로 놓은 '알 분류표'인데요. 왼쪽 아래 동글동글한 하얀 알이 올빼미의 알이고, 오른쪽 위 길쭉한 점박이 알이 바다오리의 알, 그 바로 밑에 있는 타원형 알이 종달도요의 알입니다.

좁은 범위에서만 비행하며, 낮에는 대부분 나뭇가지에 앉아 움직이지 않는 올빼미의 알은 거의 구형에 가깝죠. 반면, 한 해에도 여러 차례 시베리아와 호주 사이를 오가는 종달도요의 알은 길쭉한 모양이네요.

…왜 그럴까요?

깜짝 퀴즈! 하늘을 훨훨 나는 새와 비행기, 그리고 대기권을 뚫고 우주로 향하는 로켓의 공통점은? 정답은 바로 '앞은 둥글고 뒤는 날렵한 유선형'이라는 겁니다. 하늘뿐 아니라 땅 위와 바닷속에서도 마찬가지인데요. 도로 위를 오가는 자동차나 레일 위를 달리는 기차도 유선형으로 생겼죠. 물속을 헤엄치는 돌고래와 물고기도 유선형이고요.

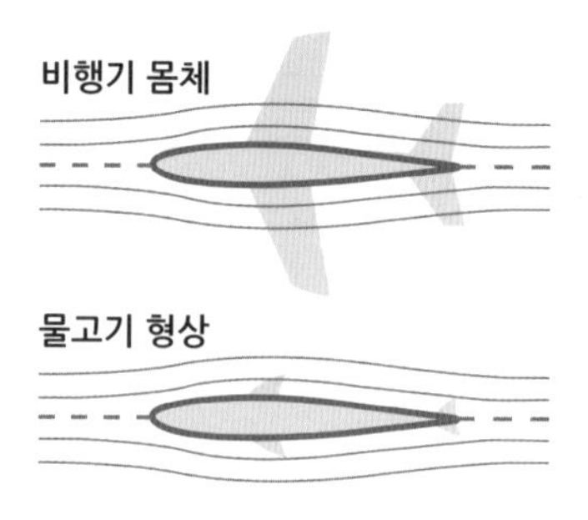

유선형은 유체 속에서 저항을 최소화할 수 있는 형태입니다.

이렇게 생기면 공기나 물의 저항을 몸통의 옆면으로 흘려보내 줄일 수 있어, 원하는 방향과 속도로 나아가기 쉽죠. 따라서 비행을 많이 하는 새일수록 몸통이 작고 좁은 유선형으로 생겼는데요. 몸통이 작으니 당연히 골반도 좁겠죠? 골반이 좁은 새가 알을 낳으려면, 알의 모양을 위아래로 길쭉하게 늘리는 수밖에 없는 겁니다.

그런데 '잘 나는 새일수록 비대칭적인 타원형 알을 낳는다'는 연구 결과에 들어맞지 않는 종이 몇 가지 있습니다. 그중 하나가 바로 펭귄입니다. 펭귄은 날지 못하는데도 길쭉한 알을 낳죠. 연구자들은 이에 대해 "펭귄은 물속을 날렵하게 헤엄치기 때문에, 비행하는 새들처럼 몸이 유선형이어야 해서 그렇다."라고 설명했다네요.

새의 알이 타원형인 이유에 대한 또 다른 가설은 '타원형 알이어야 둥지 밖으로 잘 떨어지지 않기 때문'이라는 겁니다. 타원형은 구형보다 덜 구르기 때문에 실수로 알을 잃을 확률이 적다는 거죠. 앞 페이지 그래프의 오른쪽 위에 있는 바다오리 알 보이시죠? 바다오리는 따로 둥지를 짓지 않고 절벽 위 평평한 곳에 알을 낳는데요. 동그란 알이 아닌 길쭉한 알을 낳기 때문에 절벽에서도 잘 버틴답니다.

자, 그럼 여기서 질문!

타원형 알은 경사면에서 얼마나 잘 버틸까요?

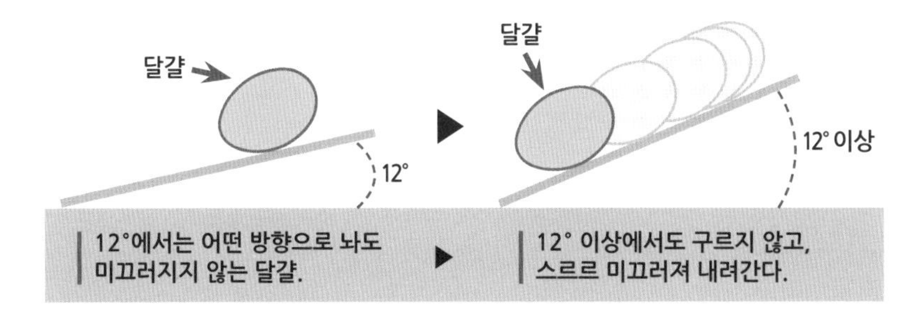

이에 대한 재미있는 실험이 있습니다. 마찰력이 아주 작은 유리 위에 달걀을 올려놓고 어느 정도의 경사까지 버틸 수 있는지 확인해본 건데요. 실험 결과, 달걀은 약 12°까지는 미끄러지지 않고 잘 버텼죠. 그럼 그 이상의 경사에서는 어땠을까요? 놀랍게도 데굴데굴 구르지 않고, 스르륵 미끄러져 내려갔답니다.

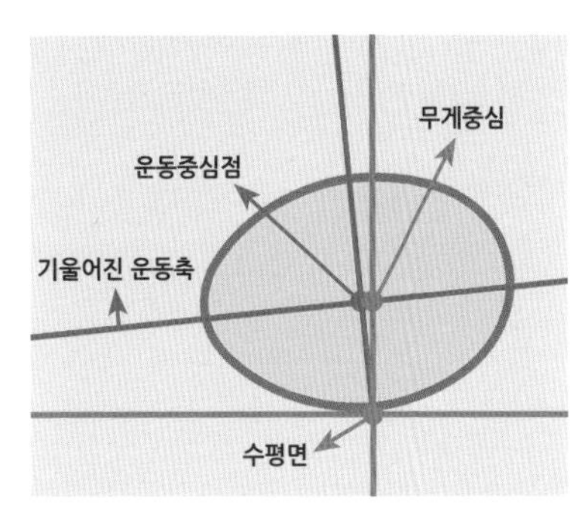

그마저도 직선 방향으로 빠르게 내려가지 않고 부채꼴 모양의 궤적을 그리며 빙글빙글 돌아 천천히 내려갔는데요. 결국 멀리 굴러가지 못하고 곧 힘이 다해 멈췄습니다. 타원형이기 때문에 왼쪽 그림처럼 무게중심과 운동중심점이 달라서 기울어진 운동축 방향으로 원을 그리며 돌았던 거죠.

만약 새의 알이 구형이라면, 경사가 심하지 않은 곳에서도 데굴데굴 굴러갔겠죠? 회전하지 않고 직선으로 이동하니 더 멀리 이동했을 테고요. 알이 타원형이라 정말 다행이네요!

3. 알록달록 알의 색에 담긴 비밀

이제 조류가 왜 타원형의 알을 낳는지는 대충 알겠어요. 그럼 알의 색은 또 왜 이렇게 다양한 걸까요? 아까 달걀의 색은 어미 닭의 색을 따라간다고 했는데, 다른 새의 알도 그럴까요?

사실 알의 색을 좌우하는 요인은 아직 명확히 밝혀지지 않았습니다. 하지만 '포식자를 피하기 위해', '부모가 알을 식별하기 위해', '태양빛을 흡수하기 위해' 등 다양한 가설이 제시되고 있죠.

▲ 바다새의 알

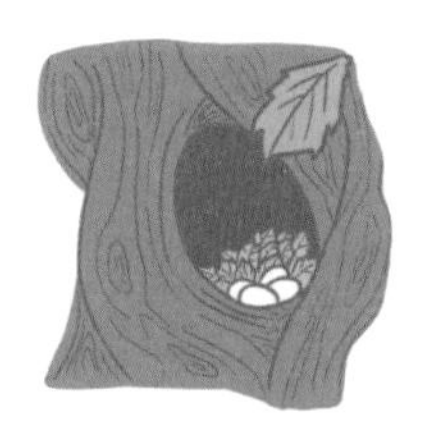

▲ 올빼미의 알

▲ 도요타조의 알

물가에 사는 새들은 자갈과 비슷한 색의 알을 낳아 포식자로부터 알을 지킵니다. 반대로 눈에 잘 띄지 않는 나무 속이나 돌 틈에 둥지를 짓는 딱따구리나 올빼미는 하얀 알을 낳습니다. 어두운 둥지에서 엄마, 아빠의 눈에 잘 보여야 하기 때문이죠.

한편, 검은 도요타조는 갈색 잎들이 많은 곳에 눈에 띄는 파란색 알을 낳습니다. 엥? 그러다 사냥이라도 당하면 어쩌려고 이렇게 눈에 띄는 색을 선택한 걸까요?

이 신기한 현상에 대해 코넬대 패트리시아 브레넌 박사(Patricia L.R. Brennan)는 "다른 암컷들이 알을 더 많이 낳도록 자극하기 위해서 그런 것이다."라고 주장합니다. 눈에 띄는 색이다 보니 서로 보고 '어, 쟤 알 낳았네? 나도 하나 낳아봐?' 한다는 거죠.

같은 현상에 대해 버크넬대의 대니얼 헨리(Daniel Hanley) 교수는 다른 의견을 내놓았는데요. "밝은 색 알은 암수가 번갈아 더욱더 열심히 품지 않으면 포식자의 눈에 잘 띈다. 따라서 암컷, 수컷 할 것 없이 육아에 적극적으로 참여하게 하는 장치가 된다."라는 겁니다. 딱 보기엔 '저렇게 튀는 색이면 쉽게 사냥당하는 거 아냐?' 싶은데, 결과적으로 알의 보호에 도움이 되는 색이라는 거죠.

▲ 바다오리 알들의 다양한 무늬

이번에는 화려한 무늬를 가진 알을 한번 살펴보죠. 바다오리의 알은 멋진 무늬로 과학자들의 눈길을 붙잡았는데요. 바다오리는 따로 둥지를 짓지 않고, 해안 절벽에 알을 낳습니다. 수천 마리가 모여 동시에 알을 낳는데 둥지가 없다 보니 알끼리 잘 섞입니다.

이렇게 섞이면 어떤 알이 내 알인지 알 수가 없겠죠? 그런데 바다오리 어미새들은 신기하게도 자기 알을 헷갈리지 않고 찾아냅니다. 서로 다른 무늬의 알을 낳기 때문이죠.

한편, 다른 새의 둥지에 몰래 알을 낳는 뻐꾸기는 둥지 주인의 알과 비슷한 무늬의 알을 낳아 '다른 새의 알인 척' 합니다. 이 도둑놈, 아니 도둑새 뻐꾸기에 대한 얘기는 이따가 다음 꼭지에서 더 자세히 다뤄볼게요.

마지막으로 날씨에 따라서도 알의 색이 다릅니다. 추운 지역에 사는 조류일수록 진한 색의 알을 낳죠. 검은 옷을 입으면 흰옷을 입었을 때보다 더운 것처럼, 진한 색을 가진 알껍데기가 옅은 색의 알껍데기보다 태양 빛을 더 잘 흡수할 수 있기 때문이랍니다. 알의 색에 이렇게 재미있는 비밀이 잔뜩 숨어 있었네요!

4. 새끼 새는 어떻게 알을 깨고 나올까?

알은 정말 작습니다. 물론 타조알은 크지만, 2m 넘는 타조가 이 작은 알에서 태어났다고 생각해보면 갑자기 엄청 앙증맞아 보이지 않나요? 이 작은 알에서 새 생명이 만들어진다니! 문득 생명의 신비로움이 더 크게 느껴지는 것 같기도 하고요. 그런데 갓 태어난 아기 새들은 도대체 어디서 힘이 나서 단단한 알을 깨고 나올 수 있는 걸까요?

다음 페이지 그림 속, 갓 부화한 아기 새의 윗부리 끝에 나 있는 돌기를 봐주세요. 이걸 '난치'라고 부릅니다. 새끼는 알 속에서 이 난치로 열심히 껍데기를 깹니다. 병아리의 경우 적게는 10시간, 많게는 20시

간을 열심히 쪼아야만 세상에 나올 수 있습니다. 태어나기도 전에 그 작은 몸으로 일부터 해야 한다니, 새로 살기 참 고되네요. 갑자기 인간으로 태어나 너무너무 다행이란 생각이 들지 않나요?

그나마 다행인 건 껍데기가 상대적으로 약한 상태에서 탈출한다는 겁니다. 어미 닭이 알을 낳을 때, 알 주머니는 난관을 지나면서 순식간에 단단한 탄산칼슘 껍질로 굳습니다. 그래서 갓 태어난 알의 껍데기는 어미가 올라타 품어도 깨지지 않을 만큼 튼튼하죠. 하지만 배아가 자라 새끼가 깨어날 때쯤엔 난치로도 열심히 두드리면 깰 수 있을 만큼 약해집니다. 덕분에 새끼는 힘이 세지 않아도 엄청난 인내심만 발휘한다면 세상으로 나올 수 있습니다.

그런데 알은 어떻게 새끼가 나올 때쯤 '이때다!' 하고 얇아지는 걸까요? 과학자들은 이 비밀을 풀기 위해 연구를 거듭했습니다. 그러다 2018년 드디어 그 비밀이 밝혀졌죠.[2] 껍질의 무기질을 결합하는 단백질 '오스테오폰틴'이 비밀의 결정적인 열쇠였습니다.

연구진이 달걀껍데기의 미세구조를 확인해보니 얇은 3개의 층이 겹쳐져 있는 형태였는데요. 가장 안쪽 껍데기는 오스테오폰틴의 농도가 낮아 제일 연약하고, 바깥 껍데기 층으로 나아갈수록 오스테오폰틴

---

2 Nanostructure, osteopontin, and mechanical properties of calcitic avian eggshell / Dimitra Athanasiadou, Wenge Jiang, Dina Goldbaum, Aroba Saleem, Kaustuv Basu, Michael S. Pacella / Science Advances / 2018.03

의 농도가 높아져 껍데기가 더 촘촘하고 딱딱했습니다. 한마디로 외부 충격에는 강하되 내부에서 깨나가기는 수월한 구조라는 거죠.

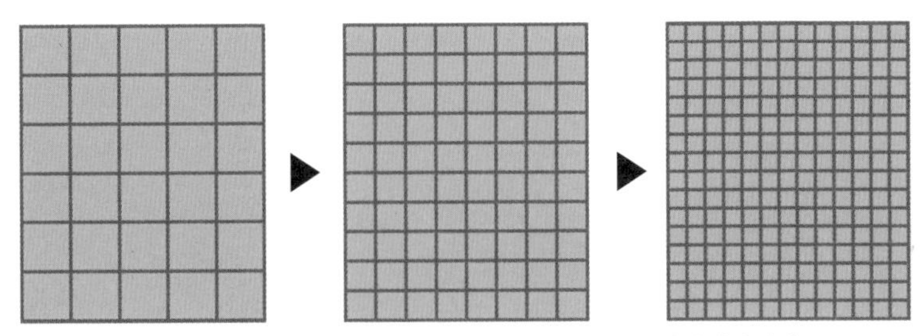

▲ '오스테오폰틴'의 농도가 높을수록 입자가 작고 단단해집니다.

달걀 껍데기의 비밀, 아직 끝나지 않았습니다.
더 엄청난 비밀이 숨어있는데요.

그건 바로, 달걀 속 병아리가 성장하면서 안쪽 알껍데기의 광물질 이온이 녹는다는 겁니다. 그게 뭐가 그렇게 중요하냐고요? 그렇게 녹아 나온 칼슘, 인 등이 병아리의 뼈대를 형성하는 데 사용되거든요! 그동안 달걀 껍데기는 그저 '내용물을 보호하기 위한 껍질'이라고만 여겨져 왔는데, 그 껍질이 '병아리의 일부'로 흡수된다는 게 밝혀진 거죠. 한편 껍질 내벽이 녹은 덕에 그 강도가 약해져 병아리가 부화할 때도 비교적 쉽게 깰 수 있고요.

꼼꼼히 살펴보니 요 조그마한 알이 아기 새에게는 너무나 완벽한 집이네요! 그러고 보니 머나먼 과거 공룡들도 알을 낳았다고 하죠? 오랜 시간 많은 생명체를 기르며 쌓아온 역사 덕분에 알이 이렇게나 완벽해졌나 봅니다.

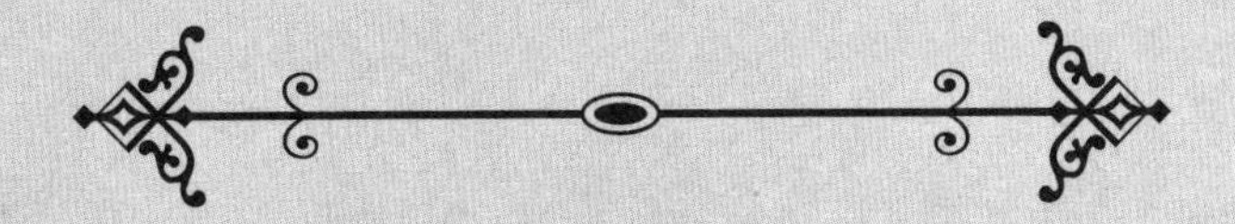

'새는 알에서 나오려고 투쟁한다. 알은 세계이다. 태어나려는 자는 하나의 세계를 깨트려야 한다.'

갑자기 헤르만 헤세의 책 <데미안>의 한 구절이 떠오릅니다. 아기 새에게는 알이 최적의 환경인 만큼 더더욱 뚫고 나오기 힘들 거예요. 하지만 뚫고 나온다면 더 멋진 세상을 경험할 수 있기에 열심히 부화하는 거겠죠?

알을 깨고 나오는 새들처럼 우리도 안주하고 있던 틀을 깨고 나온다면 더 많은 경험을 할 수 있을 겁니다.

캬, 오늘도 이렇게 과학을 통해 배우네요!

동물은 왜 다른 동물의 새끼를 돌봐줄까?

너~무 귀여운 리트리버가
너~무너무 귀여운 아기 고양이를 둥가둥가 키웁니다.

귀여운 것에 귀여운 것이 더해지니 그걸 보는 집사는 행복하기만 한데요.

잠깐! 그러고 보니 동물들은 왜 다른 동물의 새끼를 돌봐주는 걸까요? 내 새끼 키우는 것도 힘든데, 인간보다 더 치열한 야생에서 남의 새끼를 키운다니? 무슨 이유로 그런 희생을 하는 거죠?

1. 남의 새끼라도 키우면 '내가' 똑똑해지기 때문에

자식을 키우면 똑똑해진다고요? 이 말은 처음 듣는 것 같은데요… 듣기로는 똑똑해지는 것과 정반대로, 엄마가 깜빡깜빡할 때마다 '너도 애 키워봐. 그럼 자꾸 깜빡해.'라고 했는데 말이죠?

그런데 출산 여부와 관계없이, 새끼를 보살피고 돌봐주면 똑똑해진다고 합니다. 왜냐하면 새끼를 키운다는 것이 보통 일이 아니거든요. 일단 새끼가 보내는 후각, 촉각, 시각, 청각 자극에 민감하게 반응해 어디 아프거나 불편한 곳은 없는지 살펴야 합니다. 그리고 지나가면서 마주쳤던 먹이와 물이 있던 곳도 잘 기억했다가 나중에 새끼를 데리고 와서 먹여야 하죠. 주변의 수많은 위협으로부터 새끼를 보호하는 것도 잊어선 안 됩니다. 이 모든 것들을 한 번에 신경 써야 한다면 똑똑해질 수밖에 없겠죠?

실제로 2015년, <동물 행동 저널>에 이와 관련된 기사가 실렸습니다.[1] '아프리카 줄무늬 쥐가 미로를 빠져나가는 길을 얼마나 잘 기억하는지'에 대한 실험이었는데요. 출산 여부와 관계없이 '양육 경험이 있는 쥐들'이 '그렇지 않은 쥐들'보다 훨씬 잘 기억했다고 합니다.

앗! 그러고 보니, 엄마가 전화 통화를 하면서 발로는 바닥을 닦고, 손으로는 칼질하고, 혀로는 된장찌개와 불고기 간을 보고, 제3의 눈으로는 내가 방에서 딴짓하는 걸 어떻게 알고 문을 벌컥벌컥 열던 게 떠오르네요.

---

1 Alloparenting enhances the emotional, social and cognitive performance of female African striped mice, Rhabdomys pumilio / Neville Pillay, Tasmin Rymer / Animal Behaviour / 2014.11

2. …있어 보이려고?

아줌마1: 이번에 이사 온 701호 있잖아. 글쎄, 애가 넷 이래 넷!
아줌마2: 정말? 도대체 그 집 ㅇㅇ(삐-)는 뭐 하는 사람이래??

깜짝 퀴~즈!
자, 여기서 삐- 부분에 들어갈 글자를 맞혀주세요!

① **마리모**
② **반영구 제모**
③ **부모**

정답은~ **네! 3번 '부모'**
"그 집 부모는 뭐 하는 사람이래?"가 정답이었습니다!

오늘날 저출산의 원인은? 물론 아주 복합적인 문제지만, 무시 못 할 원인 중 하나는 바로 **'돈'**입니다. 영어유치원부터 초, 중, 고 학원비에, 교복은 물론 1년도 못 입을 옷을 유행 따라 사줘야 하고, 스마트폰에 컴퓨터에 노트북 등등 각종 전자기기도 사줘야 하죠. 거기다 더 자라면 대학 등록금까지…. 그래서 어느 집에 애가 많다는 말을 들으면 '그 집 부모, 어마어마한 능력이 있구나~'라고 아주 자연스럽게 생각하게 됩니다. 자식이 많다는 것만으로 '사회적 서열'이 올라가는 거죠.

그런데 사람처럼, 동물들도 새끼가 있으면 집단 내에서 서열이 올라간다고 합니다. '자식이 있다'는 것은 '다른 경쟁자들과 번식 경쟁에서 이겼다.' 즉 '강한 수컷, 매력적인 암컷이다'라는 말이기 때문이죠.

그래서 새끼가 있는지, 있다면 몇 마리가 있는지를 보면 부모의 능력을 가늠해볼 수 있습니다. 새끼를 먹이고 키우는 데에는 엄청난 힘이 들지만, 그 존재로 인해 집단 내에서 나의 위치가 올라가게 되니 내 새끼가 아니어도 키우는 겁니다.

우리 인간들은 능력을 과시하기 위해 굳이 입양까지 하지는 않죠. 하지만 자녀의 수로 그 능력과 위치를 가늠해보는 것은 동물과 많이 닮아 있는 것 같네요.

3. 너…, 내 새끼 아니었어?!

내 새끼 키우는 것도 바쁠 텐데, 다른 동물의 새끼를 키워주는 이유. 그 세 번째 이유는 바로 '몰라서'라고 합니다. 정말 단순하죠?

새들은 부지런히 날아다니며 나뭇가지와 이파리를 모아 둥지를 짓습니다. 그렇게 만든 보금자리에서 알을 낳고 새끼를 키우죠. 그런데 여기 게으른 데다 약삭빠른 새가 하나 있습니다. 숲의 양아치, 나무 위의 깡패. 뻐꾸기입니다.

뻐꾸기는 알을 낳을 때가 되면 둥지를 짓는 대신 주변 둥지를 슥슥 둘러봅니다. 그리고 '이 집 좀 산다' 싶은 다른 새의 둥지에 몰래 다가갑니다. **'흠…. 알 크기는 좀 다르지만, 색이 비슷해서 못 알아볼 것 같은데? 여기다!'**[2] 뻐꾸기는 그렇게 남의 둥지에 자신의 알을 **하나 톡!**

---

2 Using 3D printed eggs to examine the egg-rejection behaviour of wild birds / Branislav Igic, Valerie Nunez, HenningU. Voss, Rebecca Croston, Zachary Aidala, Analía V. López, Aimee Van Tatenhove, Mandë E. Holford, Matthew D. Shawkey, Mark E. Hauber / PeerJ Computer Science / 2015.05

낳습니다. 치밀하게도 둥지 안에 있던 알을 하나 해치워 개수를 맞추는 것도 잊지 않죠. 그리곤 뒤도 돌아보지 않고 튑니다. 이를 '탁란'이라고 합니다.

▲ 뻐꾸기의 알만 크기가 다르죠?

둥지 주인인 다른 어미 새는 뻐꾸기의 알을 보고 뭔~가 이상함을 느낍니다. **'이 새끼… 뭐지?'** 그러나 확실하지 않은 상태에서 의심 가는 알을 나무 밑으로 떨어뜨렸다간 괜히 죄 없는 내 새끼를 죽일 수도 있죠. **'흐음…'** 결국 다른 어미 새는 묻지도 따지지도 않고 다 키웁니다.

이쯤만 해도 얌체 중의 얌체인데, 뻐꾸기의 행패는 여기서 끝이 아닙니다. 알에서 깨어난 뻐꾸기 새끼는 아직 부화되지 않은 주변의 알이나 알에서 갓 나온 새끼를 가차 없이 둥지 밖으로 떨어뜨려버립니다. 탁란을 당한 어미 새는 영문도 모르고 자식을 다 잃는 거죠.

'남은 새끼는 얘 뿐이야. 더 열심히 키우자!' 강제적으로 계모가 되어버린 다른 어미 새는 혼자 남은 뻐꾸기 새끼가 '하나뿐인 내 새끼'인 줄로만 알고 먹이를 열심히 물어다 줍니다.

그렇게 남의 집 둥지에서 무럭무럭 자란 뻐꾸기는 둥지를 떠나고, 짝을 만나고, 사랑을 나누고, 다시 몰~래 알을 낳을 좋은 둥지를 찾아 다닙니다. '흠, 저 집 좀 사는데? 저기다 낳자!'

…숲속은 평화로울 줄로만 알았는데 이런 깡패가 다 있네요. 아무리 생존을 위해서라지만 충격적인 방식입니다.

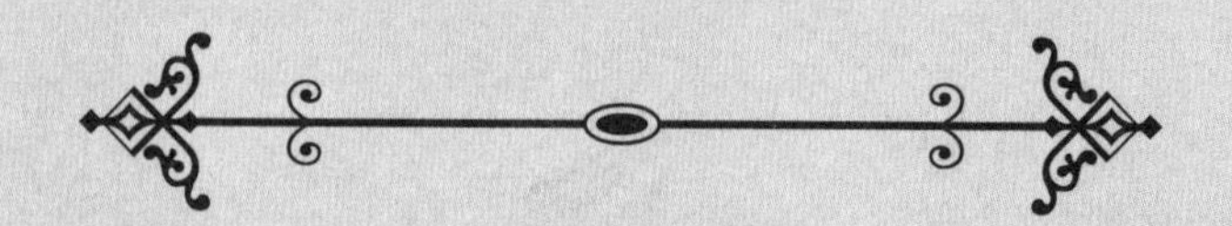

남의 새끼 키워주는 동물들의 사정을 들어보니, 가정을 이루고, 새끼를 낳는다는 것은 인간뿐 아니라 동물에게도 여러모로 중요한 일이었네요.

그런데 '남의 새끼라도 키워주는 이유' 중 가장 중요한 한 가지가 빠진 것 같아요. 그건 바로…,

'새끼들은 다 귀엽기 때문'이라는 거죠!

역시 귀여운 게 최고! 귀요미가 세상을 지배하는 법입니다!

범고래도 할머니가 손주 돌본다

여러분! 좀 뜬금없는 질문이긴 한데, **왜 사세요?**

"꿈을 이루기 위해서요!"
"행복하기 위해서요!"
"저는 맛있는 거 많이 먹으려고 사는데요?"

여러분의 머릿수만큼이나 다양한 답이 책장 너머로 들려오는 것 같습니다.

'과학적으로' 우리의 존재 이유는 유전자를 후대에 전하는 것입니다. 진화 생물학자 리처드 도킨스(Clinton Richard Dawkins)는 ≪이기적 유전자≫라는 책에서 '진화의 주체는 개체나 종이 아니라 유전자'라고 말하며, 심지어 '인간은 유전자 보존을 위한 기계에 불과하다'고 주장해 파란을 일으키기도 했죠.

생명이 있는 모든 존재는 자기 자신이 아니라 다음 세대의 재생산을 위해 살아간다는 건데요. 실제로 동물들은 대개 죽기 전까지 새끼를 낳습니다. 번식하지 못하는 동물들은 곧 죽어 사라지고 그 자리를 새로 태어난 새끼들에게 양보하죠. 그러나 이런 냉혹한 논리로 쉽게 설명할 수 없는 동물들이 있으니, 바로바로 인간과 고래의 '할머니'들입니다. 인간과 고래의 할머니들은 폐경 후, 그러니까 생식능력을 잃은 후에도 수십 년을 살죠.

…왜 그럴까요?

● ● ●

1. 폐경에 얽힌 수수께끼

침팬지, 고릴라, 보노보…. 인간에게는 다양한 영장류 친척들이 있습니다. 그중 어느 종도 암컷의 월경이 멈추는 '폐경'을 하지 않죠.

그런데 유독 인간 여성만이 평균 50살이 되면 생식 능력을 잃습니다. 100세 시대가 코앞인 걸 고려하면, 무려 인생의 반을 생식능력 없이 생존하는 건데요. 가만히 생각해보면 아주 신기하고 이상한 현상입니다. 냉정하게 들릴 수 있지만 진화학적으로는 할머니가 살아 있을 이유가 없거든요.

이 미스터리에 대해 인류학자 크리스턴 호크스(Kristen Hawkes)는 흥미로운 가설을 제시합니다. 그건 바로 '할머니 가설'인데요. '인간의 할머니들은 일정 나이가 되면 폐경하는 것이 오히려 인류의 생존에 도움이 되기 때문에 그런 방향으로 진화했다'는 겁니다.[1] 나이 든 인간 여성들은 직접 아기를 낳지는 않지만, 젊은 여성이 낳은 아기를 보살펴주곤 하죠? 이 보살핌이 늙은 몸으로 아기를 계속 낳는 것보다 인류에게 더 도움이 된다는 거예요.

실제로 2004년, 과학전문지 <네이처>에 발표된 논문에 따르면 할머니가 오래 살수록 아들딸의 자식 농사가 더 성공적이었다고 합니다. 할머니가 돌본 아이들이 그렇지 않은 아이들보다 더 건강했죠.

우리 주변만 둘러봐도 할머니들이 큰 역할을 하고 있다는 걸 알 수 있습니다. 육아정책연구소에서 2018년 조사한 결과에 따르면, 육아를 도와주는 조력자의 83.6%는 조부모, 즉 할머니와 할아버지라고 합니다. 맞벌이가 일반적인 삶의 양식으로 자리잡으며 일과 가정의 양립이 힘들어진 부모 대신 조부모가 손주들을 돌보는 거죠.

사실 젊을 때도 힘들던 육아를 늙은 몸으로 감당하는 건 정말 힘든 일입니다. 그래서 수많은 가정에서 황혼 육아는 다툼의 씨앗이 되기도 하죠. 노년기를 손주들과 함께 보내는 것은 큰 기쁨이지만, 양육은 강도 높은 육체적 노동을 요구하거든요.

하지만 결국 '내 핏줄 섞인 내 새끼'라는 생각으로 사랑을 담아 품어주는 경우가 많습니다. 손주들의 재롱을 보면 어느새 '손주 바보'가 되어버리기도 하고요. 그런데… 동물 세계에도 '손주 바보'가 있다네요?

---

1 Increased longevity evolves from grandmothering / Peter S. Kim, James E. Coxworth and Kristen Hawkes / The Royal Society / 2012.10

2. 바다의 포식자 범고래의 최고 권력자는… 할머니?!

▲ 바다의 패왕 범고래

영국 요크대 연구진이 2019년 미국 <국립과학원회보(PNAS)>에 발표한 논문에 따르면, 바다의 최상위 포식자인 '범고래' 역시 할머니가 손주를 성심성의껏 돌봐준다고 합니다.[2]

범고래 암컷은 12~40살 사이에 새끼를 낳습니다. 그리고 30~40살이 되면 폐경을 하죠. 여기서 신기한 점이 있습니다. 범고래 할머니도 폐경 후 인간 할머니처럼 90살 넘게 살아남는다는 겁니다. 범고래 수컷이 대개 60살을 넘기지 못하는 것과 비교하면 상당히 장수하는데요. 왜 그럴까요? 크리스틴 호크스가 주장한 '할머니 이론'이 범고래에게도 적용되는 걸까요?

---

2 Post-reproductive killer whale grandmothers improve the survival of their grandoffspring / Stuart Nattrass, Darren P. Croft, Samuel Ellis, Michael A. Cant, Michael N. Weiss, Brianna M. Wright, Eva Stredulinsky, Thomas Doniol-Valcroze, John K. B. Ford, Kenneth C. Balcomb, and Daniel W. Franks / PNAS / 2019.11

비슷한 의문을 가졌던 영국 엑시터대 진화생물학자 대런 크로프트(Darren Croft) 연구팀이 **37년간** 북서 태평양 범고래를 조사한 데이터를 분석해봤습니다.[3]

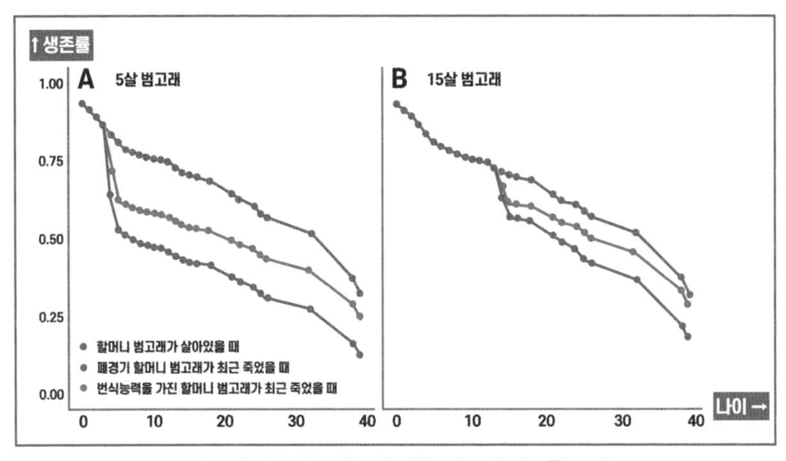

▲ 할머니 범고래의 생사에 따른 범고래 생존률 그래프

이 그래프는 할머니 범고래의 생사에 따른 범고래 손주의 생존률 그래프입니다. 빨간 점 그래프를 보면 할머니 범고래가 살아 있을 때 손주들은 그래도 꽤 많이 살아남는 모습을 보입니다. 하지만 파란 점을 보면 할머니 범고래가 죽은 뒤엔 그다음 해부터 몇 년간 손주들도 덩달아 죽을 가능성이 커지죠. 특히 보라 점, 이미 폐경한 할머니 범고래가 죽으면 그 여파는 어마어마합니다.

뒤집어 생각해보면 할머니 범고래가 자식과 손주들을 성심성의껏 돌봐준 덕에 범고래 무리의 생존 확률이 크게 올라간다는 거죠.

---

3 Adaptive prolonged postreproductive life span in killer whales / Emma A Foster, Daniel W Franks, Sonia Mazzi, Safi K Darden, Ken C Balcomb, John K B Ford, Darren P Croft / Science / 2012.09

'아니, 대체 할머니 범고래가 뭘 하길래?'

호기심이 폭발한 과학자들은 범고래 가족을 관찰합니다.[4] 범고래는 가족애가 남달라 갓 태어난 새끼부터 엄마 아빠는 물론, 이모 삼촌에 할머니까지 삼대가 무리 지어 다니는데요. 떼 지어 생활하는 범고래 가족 중 지도자가 누구인가 봤더니 바로바로… **할머니**였다고 하네요!

범고래들은 주로 왕연어를 먹고 삽니다. 그런데 기후변화와 인간들의 어획으로 왕연어의 양은 해마다 들쭉날쭉하죠. 따라서 '어디에 가야 연어를 잡을 수 있는지'를 아는 것은 범고래에게 생사가 달린 문제입니다. 범고래 가족이 주린 배를 움켜쥐고 어쩔 줄 모르는 그때! 할머니 범고래는 기억을 되짚어봅니다. '흐음… 지난 70년간 어땠더라…' 회상을 끝낸 할머니 범고래는 선두로 나섭니다. 그리곤 자신 있게 외칩니다. "라떼는 말이야, 이쪽으로 가면 물 반 왕연어 반이었어!"

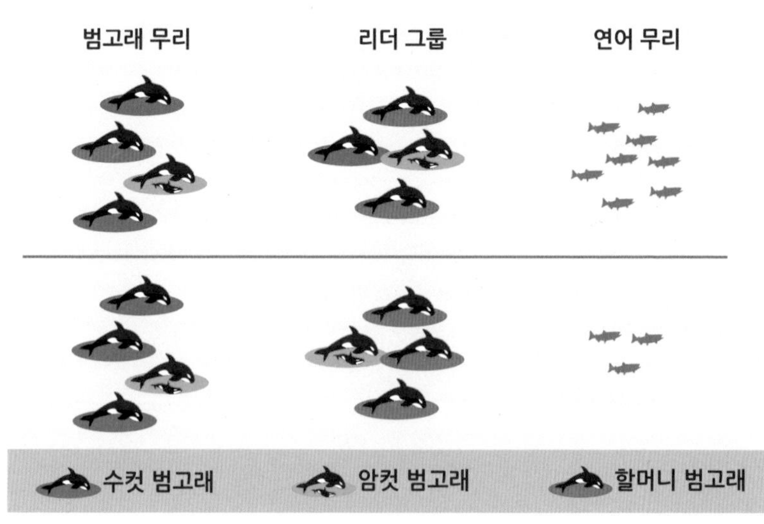

▲ 사냥을 주도하는 할머니 범고래

그렇게 할머니 범고래는 연어무리 사냥을 주도하며 가족을 지킵니다. 이런 경향은 연어무리가 클 때(위)보다, 연어무리가 작은 위기 상황(아래)일수록 두드러지죠. 파란 원 배경은 수컷 범고래, 연분홍 원 배경은 암컷 범고래, 진분홍 배경은 폐경 한 할머니 범고래인데요. 연어의 수가 적을수록 더 많은 할머니 범고래가 나서는 게 보이죠? 크으~ 든든하네요!

그뿐만 아니라, 할머니 범고래가 손주들에게 직접 물고기를 먹여주는 모습도 관찰되었다고 하는데요. 어미 범고래가 물고기 사냥을 위해 바닷속 깊이 들어갈 때면 할머니 범고래는 손주들을 돌봐준다고 합니다.

어라? 어디서 많이 본 이야기 같지 않나요? 인간 부모님들이 돈을 벌기 위해 일터로 나갈 때면 할머니 할아버지가 손주를 돌봐주는 것과 똑같은 것 같죠? 범고래 할머니도 황혼 육아 중이었군요. 인간이나 범고래나 할머니의 어시스트 덕에 가족이 유지되고 있네요.

4 Postreproductive killer whale grandmothers improve the survival of their grandoffspring / Stuart Nattrass, Darren P. Croft, Samuel Ellis, Michael A. Cant, Michael N. Weiss, Brianna M. Wright, Eva Stredulinsky, Thomas Doniol-Valcroze, John K. B. Ford, Kenneth C. Balcomb, and Daniel W. Franks / PNAS / 2019.12

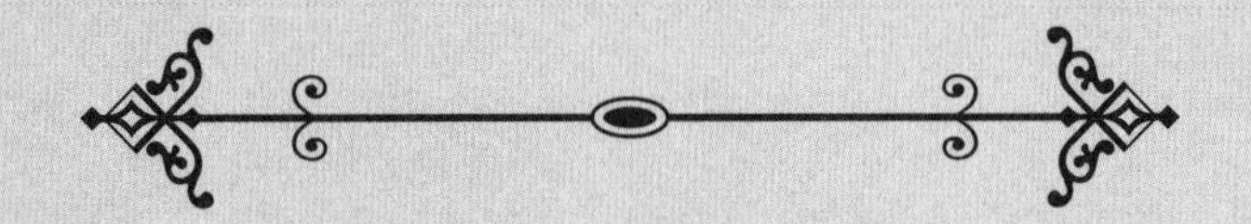

혹시 이 글을 읽고 '부모님께 손주 육아 맡기는 게 미안했는데, 다 자연의 섭리였네~ 죄책감 좀 덜었다!' 라고 생각하는 분은 없으시겠죠?

원래 육아는 조부모가 아닌 부모의 몫이라는 거! 할머니, 할아버지에게 육아를 전부 미뤄서는 안 됩니다! 부모님도 퇴근 후 아이들과 많이 놀아주고, 휴일에는 온 가족이 함께 즐거운 시간을 보내야죠.

또 마지막으로 정말정말 중요한 것! 노쇠한 몸으로도 육아를 돕는 할머니, 할아버지에게 항상 감사하는 마음 표현하는 것 잊지 말자고요.

"할머니, 할아버지! 감사하고 사랑합니다!"

CHAPTER 3

알아두면 유용한 과학적 꿀팁

'3초 국룰', 과학적으로 사실일까?

분명 난 입으로 넣은 것 같은데 무언가 후두둑 떨어집니다. 살기 위해 발악하는 걸까요? 내 입을 피해 땅으로 번지점프 하는 못된 음식들! 하지만 한국인이라면 모두 아는 룰이 있죠?

"야, 빨리 주워! 3초 안에 주우면 괜찮아!"

재빨리 주워 괜히 몇 번 **툭툭** 털어봅니다.

그런데 주운 음식을 입으로 넣으려고 보니 멈칫하게 됩니다.
3초 안에 주워 먹으면 정말로 괜찮을까요?

1. 너두? 야 나두!

여러분은 땅에 떨어진 음식을 먹을 수 있나요? 우리나라의 경우 **'음식이 떨어져도 3초 안에 집어먹으면 아직 '오염되지 않아' 먹을 수 있다'**는 국룰이 있습니다. 이 국룰은 놀랍게도 전 세계적으로 같은데요. 중국의 경우 1초, 일본은 우리나라처럼 3초, 영어권 국가에서는 5초로 나라마다 시간만 조금씩 다릅니다.

미국의 고등학생 질리언 클라크(Gillian Clarke)는 이 '5초의 법칙'을 연구해 이그노벨상[1] 공공보건상을 받기도 했습니다.[2] 그가 한 설문조사에 따르면 남성의 경우 50%, 여성의 경우 70%가 5초의 법칙을 따라 재빨리 주워 먹는다고 합니다.

이 연구는 그로부터 약 10년이 지난 2014년에도 비슷한 결과를 보였습니다.[3] 2014년 영국 애스턴대학교에서 연구한 결과 바닥에 떨어진 음식을 먹는 실험에 참여한 사람 중 무려 87%가 '떨어진 음식을 주워 먹을 의사가 있다'고 밝힌 건데요. 이 중 약 81%는 '5초의 법칙'을 따르고 있었죠.

한편, '5초의 법칙'은 2014년 말 영국 옥스퍼드 사전에 신조어로 등

---

1 미국 하버드대학교의 유머과학잡지사에서 과학에 대한 관심을 불러일으키기 위해 1991년 제정한 상. 엉뚱하지만 기발한 연구나 업적을 대상으로, 매년 10월경 노벨상 발표에 앞서 수여된다. 시상 부문은 평화, 사회학, 물리학, 문학, 생물학, 의학, 수학, 환경보호, 위생 그리고 여러 학문 분야와 관계가 있는 연구로 총 10개 분야다.

2 Demonstrating the scientific validity of the Five-Second Rule/ Jillian Clarke & Howard University / Ig Nobel Prizes - Public Health prize / 2004

3 Researchers prove the five-second rule is real / Aston University / 2014.03

록되기도 했습니다. 사전에도 올랐다고 하니 전 세계적으로 얼마나 많은 이가 따르는 국룰인지 실감이 나죠? 국적과 인종을 넘어 음식에 대한 진심은 하나로 통하네요.

그런데 이 말 과학적으로도 사실일까요?

2. 5초 이내에 먹으면 정말 안전할까?

NASA의 두 과학자 마크 로버(Mark Rober)와 마이크 미첨(Mike Meacham)은 이에 대해 깔끔한 결론을 내려줬습니다.[4] "5초 이내라면 먹어도 OK."라고요. 이들이 "괜찮다."고 말한 이유는 박테리아의 이동 속도와 관련이 있습니다.

박테리아의 평균 시속은 0.724205m입니다. 달팽이 이동속도의 1/67 수준이죠. 느려도 너~무 느린 이동속도 덕분에 재빨리 집을수록 박테리아가 덜 이동한 음식을 먹을 수 있답니다. 따라서 5초 이내에 재빨리 집어먹는다면, 바닥에서 음식으로 이동한 박테리아의 수가 극소량이라 먹어도 된다는 게 두 과학자의 주장입니다. 단, 조건이 있습니다. 바로 떨어진 바닥이 어떤 재질인지 확인하는 거죠.

2006년 미국 클렘슨대학교의 연구팀은 카펫, 타일, 나무 등 다양한 재질의 바닥을 무균상태로 만들고, 그 위에 살모넬라균을 살포했습니다. 그리고 바닥에 소시지를 떨어뜨려 5초 미만의 시간 동안 살모넬라균이 얼마나 이동하는지 확인했죠. 그 결과 카펫에 떨어뜨렸

4 Is the 5 second rule legit? / Mark Rober & Mike Meacham / The Quick and the Curious / 2016.02

을 때는 1% 미만의 살모넬라균이 소시지에 붙었지만, 타일에 떨어뜨렸을 때는 무려 48~70% 정도가 붙었습니다.[5]

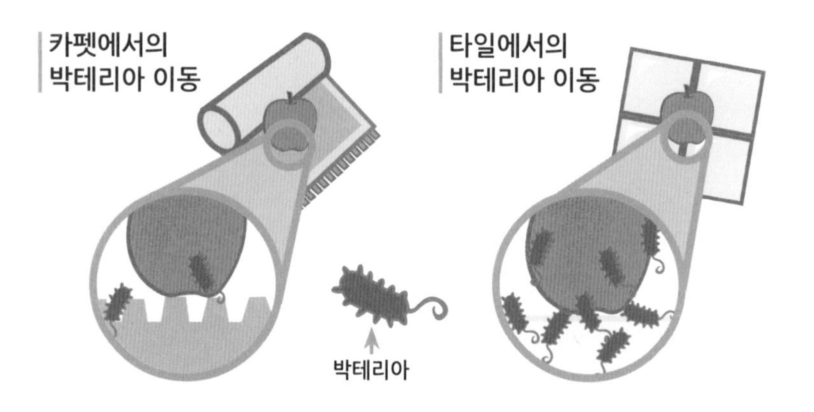

면직물인 카펫은 음식과 접촉 면적이 더 작아 박테리아가 이동하기 어렵습니다. 따라서 카펫 위에 떨어진 음식은 상대적으로 덜 오염되죠. 반면 '리놀륨' 등 매끄러운 타일 바닥재 위에서는 같은 시간이라고 해도 더 많은 박테리아가 묻습니다.

한편, 만약 젖은 땅에 음식을 떨어뜨렸다면? 안타깝지만 그 음식은 그만 보내줘야 한다고 하네요. 살모넬라균과 같은 박테리아들은 습기를 좋아하기 때문에 습도가 높은 곳에서는 바닥에서 음식으로 이동하는 속도가 마치 버프를 받은 것처럼 빨라지거든요. 그만큼 짧은 시간에 많이 오염되겠죠?

실험 결과를 정리해보면 대체로 음식의 습도가 높고 음식과 바닥의

5 Residence time and food contact time effects on transfer of Salmonella Typhimurium from tile, wood and carpet: testing the five - second rule / P. Dawson, I. Han, M. Cox, C. Black, L. Simmons / Clemson University / 2006.10

접촉면이 클수록 세균 오염도가 증가했습니다. 그래도 5초 이내에 집으면 오염된 세균의 수가 극소량이라고 하니 정말 다행이네요. 그런데 아직 안심하긴 이릅니다. 그런 주장을 **'낭설'**이라고 하는 사람들도 있거든요.

3. 먹지 마세요, 바닥에 양보하세요

미국 샌디에이고 카운티 위생검사관 로버트 로메인(Robert Romaine)은 떨어진 음식을 주워 먹는 것에 대해 이렇게 말했습니다.[6] "바닥에는 살모넬라균, 대장균, 캄필로박터균 등 다양한 세균이 살고 있습니다. 시겔라균의 경우 단 10개의 개체만 음식에 붙어 딸려와도 구토나 설사를 유발하죠. 점착성이 있는 음식일수록 이런 세균이 옮겨오기 쉽습니다. 그런데 안타깝게도 밥 · 고기 등 우리가 먹는 음식은 대부분 수분이 많고 뭐든지 잘 들러붙는 점착성이 있습니다. 즉, 우리가 먹다 흘린 음식에는 세균이 잔뜩 붙을 확률이 높다는 겁니다."

흠…, 이 얘기를 들으니 조심해서 나쁠 것 없겠단 생각이 들긴 하네요.

애리조나 대학교 미생물학자 찰스 거바(Charles Gerba) 박사는 한술 더 뜬 연구 결과를 발표했는데요.[7] 그가 사람들이 평소에 신고 다니는 신발을 검사해보니 무려 93%가 '분변 박테리아'로 오염되어 있었다고 합니다. 새 신발을 신은 지 딱 2주만 되어도 분변 박테리아를 포함

---

6 When The '5-Second Rule' Works (And When It Doesn't) / ACSH Staff / American council on science and health / 2016.03

7 Life of a Shoe / Charles Gerba & The Rockport® Company / www.LIFEOFaSHOE.com / 2008.04

한 다양한 박테리아가 신발 밑창에 범벅이 된다는 거죠.

우리야 신발을 벗고 집에서 맨발로 생활하지만, 방 안은 물론이고 침대까지 신발을 신고 올라가는 외국인들은? 앞으로 해외여행 갔다가 바닥에 음식을 흘린다면?

으음… 먹지 마세요. 바닥에 양보하세요….

4. 우리 주변에 득실거리는 박테리아

그런데 여러분! 제가 땅에 떨어진 음식이 아까워서 쉴드치는 건 아니고요. 사실 땅에 떨어진 음식을 먹어도 큰 문제가 없을 수 있습니다. 왜 자꾸 이랬다~ 저랬다 하냐고요? 에이, 화내지 마시고 들어보세요. 다양한 의견을 종합해서 결론을 내리는 것! 이게 과학을 좋아하는 저와 여러분의 기본자세잖아요?

땅에 떨어지는 순간 수많은 박테리아에 오염된다는데 어째서 문제가 없을 수 있다는 거냐 하면, 사실 우리는 이미 박테리아에 파묻혀 살고 있거든요.

2016년 인디애나 대학교 소아과의 애런 캐럴(Aaron E. Carroll) 교수는 "바닥보다 싱크대, 주방, 냉장고 손잡이가 더 더럽다."는 충격적인 연구 결과를 발표했습니다.[8] 히익…! 집 안의 어떤 장소보다 깨끗해야 할 주방이 이렇게 뒷통수를 친다고요? 하지만 끔찍하게도 이게 끝이

---

8 I'm a Doctor. If I Drop Food on the Kitchen Floor, I Still Eat It. / Aaron E. Carroll / The New York Times / 2016.10

아닙니다. 캐럴 교수의 팩트 폭행은 멈추지 않는 폭주 기관차처럼 줄줄이 이어졌는데요.

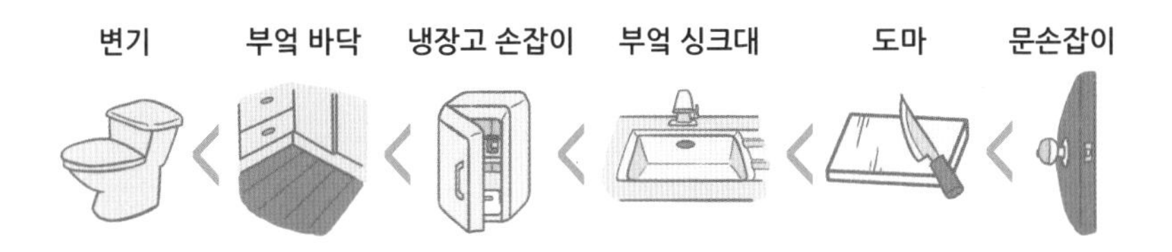

연구진이 확인해보니 변기는 1제곱인치당 0.68개의 박테리아 감염군을 갖고 있었습니다. 반면 부엌 바닥은 1제곱인치당 3개의 박테리아 감염군을 가지고 있었죠. 냉장고 손잡이와 부엌 싱크대는 더 심합니다. 각각 5개와 5.75개의 감염군이 묻어 있었는데요. 즉 변기보다 냉장고 손잡이가 일곱 배 넘게 더럽다는 말입니다.

화장실 갔다가 손 안 씻고 쿠키 먹는 것보다 냉장고 열었던 손으로 쿠키 먹는 게 더 더러운 거였네요….

거기에 문손잡이는 34.65개, 주방 도마는 15.84개로 압도적인 '더러움'을 자랑했습니다. 캐럴 교수는 연구 결과와 함께 "바닥에 떨어진 음식이 더러워지는 것을 걱정할 시간에 손이나 깨끗이 자주 씻어라."라는 뼈 때리는 말까지 잊지 않았죠.

이에 더해 2015년, <포브스>는 모르는 게 약일 것 같은 사실을 알려줬습니다.[9] 저만 알기엔 너무 아까운 사실이라 여러분과 꼭 공유하고 싶네요. 그건 바로 우리가 아침에 눈 떴을 때부터 자기 전까지 몸에

9 5 Gadgets With More Germs Than Your Toilet Seat / Ree Hines / Forbes / 2015.08

소중히 지니고 다니는 스마트폰! 책을 읽는 바로 지금 이 순간에도 내 곁에 놓인 이 스마트폰이 화장실 변기보다 지저분하고 더럽다는 충격적인 사실이었죠.

…누가 제 머리 좀 때려주실래요? 잊고 싶은 기억이 있거든요… .

지금 이 책을 보고 있는 여러분도 멈칫했을 것 같은데요. 포브스의 팩폭은 아직 끝나지 않았습니다. 포브스에 따르면 스마트폰은 대장균과 연쇄상구균, 황색포도상구균 등 다양한 박테리아의 핫플레이스라고 합니다. 여러분 잠깐 책 읽기를 멈추고 휴지에 손 소독제를 묻혀 핸드폰을 한번 쓱쓱 닦아주세요….

앗? 여기서 끝이 아니네요? 스마트폰뿐만 아니라 태블릿PC, 키보드, 마우스, 리모컨 등 우리가 자주 만지는 도구에는 박테리아가 득실거린다고 합니다. 여러분 새 휴지에 손 소독제를 다시 묻혀 책상 위 컴퓨터랑 키보드, 마우스, TV 리모컨도 닦아주세요. **얼른!**

그런데 여러분, 생각해보세요. 이렇게 변기보다 더러운 주방에서 음식을 만들어 먹고, 그보다 훨씬 더러운 스마트폰을 만지면서 과자도 먹고, 젤리도 먹는데. 우리가 늘 구토를 하거나 설사를 하진 않지 않나요?

맞아요. 우리는 생각보다 튼튼합니다. 그리고 그런 말도 있잖아요?

"먹다 죽은 귀신이 때깔도 좋다!"

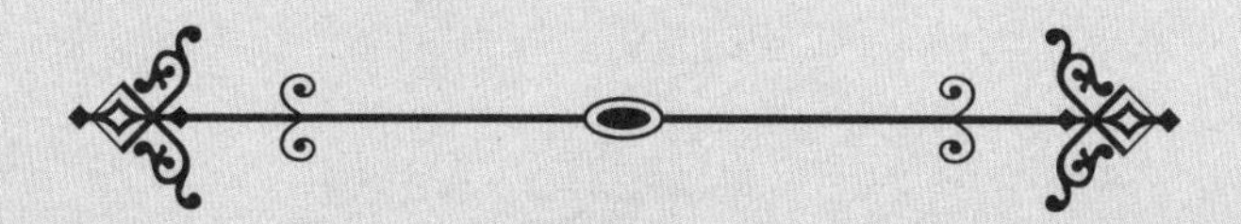

만약 이 글을 읽은 후, 실수로 그만 깨끗한 바닥에 감자칩을 흘린다면? 그런데 몸에 각인된 반사신경으로 나도 모르게 3초 안에 구출해버렸다면?

마치 영화 <매트릭스>의 빨간 약과 파란 약처럼, '3초 국룰'에 대한 진실을 모두 알게 된 여러분. 오늘부로 떨어진 음식을 어떻게 할지, 이제 선택은 여러분의 몫입니다.

* 이 꼭지는 영상으로 보시면 더 재미있어요.
유튜브 <떠먹여주는 과학>채널에서
영상으로도 만나보세요!

과학적으로 쉽게 살 빼는 법이 있다고?

어느 날 거울 앞에 선 김떠과.
파묻힌 턱선과 늘어진 뱃살, 뒤뚱뒤뚱 엉덩이까지!

"흐음…, 이대로는 안 되겠어. 이젠 진짜 뺄 때야!"

'김떠과'(은)는 프로 다이어터 '이친구'에게 조언을 얻기 위해
꼭두새벽부터 이친구의 집에 찾아갔다.

이친구: 이 새벽에 웬일이야?

김떠과: 나 오늘부터 다이어트를 해볼까 하는데 좀 도와주라.

이친구: 뭐? 다이어트? 그럼 일단 몸무게부터 재보자.

김떠과: 조금 부끄러운데… 꼭 재야 해?

이친구: 아침저녁으로 매일 체중을 재고, 그래프에 표시하는 것만으로도 살이 빠진다는 연구 결과가 있어.[1] 어제보다 오늘 체중이 많이 나가면 먹는 양을 자연스럽게 줄이게 되고, 운동을 하거나 활동량을 늘리게 된대. 또 50g, 100g… 아주 조금씩이라도 줄어드는 체중을 보며 기쁨을 느끼는 일이 반복되면 그 성취감을 더 느끼고 싶어 다이어트에 박차를 가하게 되지. 귀찮더라도 매일 몸무게 재는 습관을 들이면 도움이 될 거야.

김떠과(은)는 몸무게를 재고, 휴대폰 어플에 기록했다!
김떠과(이)의 다이어트에 대한 의지가 상승했다!

이친구: 얘기하다 보니 벌써 아침 먹을 시간이 됐네? 밥부터 먹고 계속 얘기하자. 네가 먹고 싶은 만큼 알아서 퍼.

김떠과(은)는 평소 밥 세 공기를 먹었다! …어떻게 할까?

▷ 밥 세 공기를 푼다

▶ 밥 반 공기를 푼다

---

1 Weighing Every Day Matters: Daily Weighing Improves Weight Loss and Adoption of Weight Control Behaviors / Dori M. Steinberg, PhD, RD, Gary G. Bennett, PhD, Sandy Askew, MPH, Deborah F. Tate, PhD / Journal of the Academy of Nutrition and Dietetics / 2015.02

김떠과: 다이어트하려면 식사량부터 확 줄여야지. 오늘부터 반 공기만 먹자!

- 30분 뒤

김떠과(은)는 배고픔을 참지 못하고 몰래 나가 컵라면을 사 먹었다!
김떠과(은)는 칼로리(을)를 잔뜩 얻었다!
김떠과(은)는 우울해졌다!

김떠과: 하아, 역시 난 어쩔 수 없는 돼지인가? 다이어트 결심한 지 한 끼 만에 폭식을 해버리다니. 그래, 나 같은 애가 다이어트는 무슨…, 그냥 포기할까봐.

이친구: 떠과야, 너 아까 식사량을 갑자기 확 줄였지?

김떠과: …!! 어떻게 알았어?

이친구: (너 평소에 밥 세 공기 뚝딱하고 후식으로 라면 끓여 먹은 다음 입가심으로 크림 잔뜩 얹은 카페라떼 마시잖아….) 다이어트한다고 아까처럼 식사량을 갑자기 줄이면 안 돼. 그러면 뇌가 평소보다 조금 먹은 걸 눈치채고, 더 먹으라고 신호를 보내거든. 살을 빼고 싶다면 '위'가 아니라 '뇌'를 다스려야 해. 다이어트의 기본은 적게 먹어도 배가 부른 것처럼 뇌를 속이는 거야.

김떠과: 그게 가능해?

이친구: 당연하지! 식사량을 조금씩 줄이면서 공복감을 느끼게 하는 섭식중추와 포만감을 느끼게 하는 만복중추를 천천히 길들이면 돼. 그런데 방금처럼 식사량을 확 줄여 버리면 만복 중추가 만족을 못 해서 식욕 중추에 반항하게 되지. 그런 무리한 상태가 계속되면 식욕이

폭발하고 말아. 심지어 필요한 영양분이 주어지지 않는 상태가 계속되면 몸은 언제라도 에너지를 꺼낼 수 있도록 몸속에 저장해 둔 지방을 될 수 있는 대로 중성지방으로 피하조직에 저장하게 돼. 한마디로, 살이 더 잘 찌는 체질로 변하는 거야.

한참 이어지는 설명.
(꼬르륵)
멍하니 듣다 보니 김떠과(이)의 배에서 소리가 난다!

김떠과: 뭐야, 벌써 열두 시야? 이제 점심시간이네. 밥 먹자!

김떠과(은)는 밥을 두 공기 반 펐다.

김떠과: 오늘부턴 밖에 나가서 운동도 해야지. 그러려면….

▷ 빨리 먹는다
▶ 천천히 먹는다

김떠과: 그래도 다 먹고 살자고 하는 건데 여유 있게 먹어볼까?

김떠과(은)는 두 공기 반만 먹고도 포만감을 충분히 느꼈다!

이친구: 아주 좋은 선택이야. 식사를 천천히 하는 것도 좋은 다이어트 방법이거든. 아까도 말했지? 정말 살을 빼고 싶다면 '위'가 아니라 '뇌'를 다스려야 한다고. 밥을 5

분, 10분 만에 호로록 먹어 버리면 위는 배가 불러도, 뇌는 그걸 느끼지 못해. 그래서 음식을 필요 이상으로 먹게 되지. 아까 섭식중추가 공복감을 느끼게 하고, 만복중추가 포만감을 느끼게 한다고 했지? 섭식중추가 작용해 음식을 먹으면 20분 정도가 흐른 후에야 만복중추가 작동을 시작해. 쉽게 말하면 음식을 먹기 시작한 지 20분은 지나야 포만감을 느끼기 시작하는 거지. 그래서 다이어트할 때는 밥을 천천히 꼭꼭 씹어먹으라고 하는 거야. 그러면 식사 중에 뇌가 배가 부르다는 걸 인지할 수 있어서 과식하지 않게 되니까. 또……,

이친구(이)의 설명은 끝이 없다!
해가 떨어져버렸다!
이친구(이)가 저녁을 차렸다.

김친구: 흐음, 아직 점심밥도 소화가 다 안 된 것 같은데… 좀 있다가 8시에 먹을까?

▶ 지금 먹는다
▷ 8시에 먹는다

김떠과: 에이, 그냥 차려줄 때 먹자.

김떠과(은)는 다음 날 아침 식사까지 충분한 공복 기간을 얻었다.
김떠과(이)의 인슐린 농도가 내려갔다!
김떠과(은)는 몸속 지방을 태웠다!

이친구: 떠과야, 잘했어! 너는 다음 날 아침 식사 8시까지 무려 14시간이라는 공복 시간을 얻었어. 다이어트할 때 저녁 6시 이후론 뭐 먹지 말라는 말 들어봤지? 그게 다 공복 시간을 유지하기 위해 하는 말이야. 한국인들이 주식으로 삼는 밥, 라면, 빵 같은 탄수화물과 당분을 섭취하면 우리 몸속에 포도당이 많아지게 돼. 혈당이 높아지면 인슐린이라는 호르몬이 분비되는데, 이 호르몬은 포도당을 글리코겐으로 합성시켜서 우리 몸속 근육과 지방에 저장해서 혈당을 낮추는 역할을 해. 즉, 인슐린이 많이 나올수록 살이 찌는 거야. 그런데 단식을 시작하고 12시간이 지나면 인슐린 농도가 확 감소해.[2] 한마디로 공복 12시간을 넘기면 그때부터는 저장되어 있던 지방 덩어리들을 태워 에너지로 쓰게 되는 거야. 숨만 쉬어도 살이 빠지는 거지. 앗! 그런데 혹시라도 당뇨를 앓고 있다면 이런 방식으로 다이어트하는 건 위험하니 주의해!

어쨌든 김떠과. 이 어려운 이치를 오늘 세 끼 만에 깨닫다니… 너란 녀석, 천부적인 다이어터의 소질을 갖고 있구나? 좋아, 오늘부터 합숙이다! 멋지게 살 빼고, 여자친구도 만드는 거야!

---

2 Progressive alterations in lipid and glucose metabolism during short-term fasting in young adult men / S Klein, Y Sakurai, J A Romijn, R M Carroll / AMERICAN JOURNAL OF PHYSIOLOGY ENDOCRINOLOGY AND METABOLISM / 1993.11

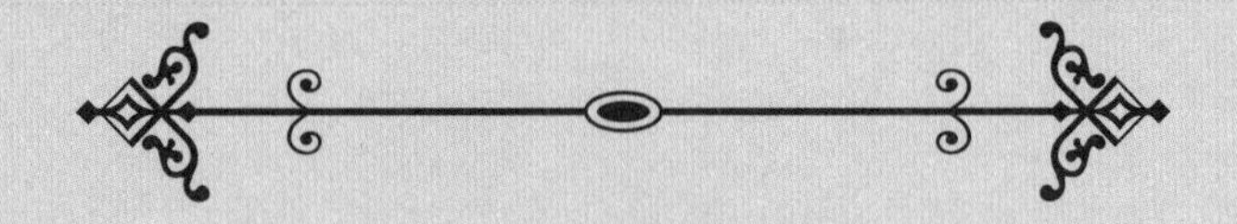

김떠과(은)는 이친구와 한 달을 살았다.

김떠과(은)는 살이 5kg 빠졌다!

…그러나

김떠과에게는 애인이 생기지 않았다!

김떠과(은)는 건강한 모쏠이 되었다!

김떠과(은)는 눈물을 흘렸다!

-The End-

* 이 꼭지는 영상으로 보시면 더 재미있어요.
유튜브 <떠먹여주는 과학>채널에서
영상으로도 만나보세요!

비법은 '○○색' 종이?
과학적인 벼락치기 비법!

중간고사, 기말고사, 수행평가… 지긋지긋한 시험들!

학생 때만 꾹 참으면 되는 줄 알았더니, 각종 자격증에 제2외국어 시험은 물론 승진시험까지. 성인이 되어도 이어집니다.

나 진짜 공부해야 하는데 책상은 왜 이렇게 지저분한지. 옷장 정리나 휴대폰 사진 정리도 잊으면 안 되죠? 열심히 치우다 보니 방 안은 먼지 한 톨 없이 깨끗해지고, 내 머릿속도 눈부시게 깨끗…, **엥**?

이런 여러분께 바칩니다. 과학적으로 벼락치기 하는 비법!

그리고 건강하게 공부하는 비법도요.

과학적인 벼락치기 비법 1. 빨간 종이에 적어 외우기

캐나다 브리티시컬럼비아대 루이 주(Zhu Rui) 교수 연구팀은 기억력에 대한 재미있는 실험을 진행했습니다.[1] 빨간 종이와 파란 종이에 적힌 36개의 단어를 2분 동안 208명에게 보여주고, 20분 뒤 이를 기억하는 정도를 평가한 건데요. 그 결과, 빨간 종이에 쓰인 단어를 본 사람들은 36개의 단어 중 20~21개를 외웠지만, 파란 종이에 적힌 단어를 본 사람들은 그보다 적은 6~17개를 기억했다고 합니다.

즉, 요점 정리하는 종이의 색만 빨간색으로 바꿔도
훨씬 많은 단어를 기억할 수 있다는 사실!

이거야말로 벼락치기 꿀팁 아니겠어요?

한편, 디자인을 하는 실험에서는 파란 도형을 이용한 사람들이 빨간 도형을 이용한 사람들보다 더 톡톡 튀는 아이디어를 뽐냈다고 하는데요. 연구팀은 주의력이 필요한 일을 할 때는 빨간색이, 반면 창의력이 필요한 일을 할 때는 파란색이 도움이 된다고 결론지었다고 하네요.

과학적인 벼락치기 비법 2. 시간에 쫓기며 공부하기

어떤 사람들은 벼락치기가 더 공부가 잘된다고 하죠? 시간이 여유로울 때보다 집중이 더 잘 된다는 건데요. 놀랍게도 이게 느낌적인 느낌이 아니라 과학적으로도 사실이라고 합니다.

---

1 Blue or Red? Exploring the Effect of Color on Cognitive Task Performances / Rui Juliet Zhu, Ravi Mehta / Science / 2009.02

우리 몸은 긴장과 이완을 반복합니다. 긴장할 때는 교감신경이, 이완할 때는 부교감신경이 활성화되는데요.

교감신경이 활성화되면 심장이 빠르게 뛰어 혈압이 높아집니다. 그러면 혈액이 피부와 장기에서 근육 등 신체 중요 기관으로 집중되죠. 눈동자의 동공도 커지고, 귀도 소리에 민감해져 어떤 상황에도 빠르게 대처할 수 있게 됩니다.

반대로 부교감신경이 활성화되면 심장이 천천히 뛰어 혈압이 낮아집니다. 혈액도 근육이나 신체 기관을 활성화하기보다는 위장의 소화 활동에 집중되죠. 따라서 눈동자의 동공이 좁아지고 외부 자극에 둔해집니다. 덕분에 노곤노곤 풀린 몸으로 휴식을 취할 수 있습니다.

마감에 쫓기거나 다음 날 시험에 대한 부담감이 생겨 스트레스를 받게 되면 교감신경이 활성화됩니다. 독서실에서 공부하다 보면 옆 사람이 볼펜을 딸깍거리는 소리, 앞 사람이 의자를 삐걱대는 소리, 주린 내 배에서 나는 꼬르륵 소리가 평소보다 훨씬 더 크게 들리죠? 그게 다 교감신경이 활성화돼서 그런 거랍니다.

나쁜 점만 있는 건 아니에요. 긴장 상태에 들어서면 호흡이 빨라지고 기관지가 확장되면서 뇌에도 산소가 더 많이 공급되는데요. 덕분에 정신이 맑아지고 뇌가 각성해 집중이 빡! 됩니다.

한편, 두려움이나 불안함 등의 감정을 느끼게 되면 우리 뇌의 '편도체'라는 부위가 반응합니다. 그런데 편도체 바로 옆에는 정보를 저장하고 기억하는 '해마'라는 기관이 붙어 있습니다.

따라서 '와씨… 두 시간 남았네? 망했다'라는 초조한 감정을 느끼며 공부하면 편도체가 활성화되고, 옆에 붙어 있는 해마도 덩달아 활성화되어 평소보다 쉽게 기억할 수 있게 됩니다. 우리가 받는 스트레스가 아이러니하게도 뇌를 더욱 활성화하는 거죠.

과학적인 벼락치기 비법 3. 소리내어 읽기

캐나다 워털루대 콜린 매클라우드(Colin M. MacLeod) 교수팀은 실험 참가자들이 네 가지 방법을 활용해 글로 쓰인 정보를 기억하게 했습니다.[2] 그 방법은 바로 '소리내지 않고 읽기', '남이 읽어주는 것을 듣기', '자신이 읽어 녹음한 것을 듣기', '직접 소리내어 읽기'였죠.

그 후 얼마나 잘 기억하는지 시험을 봤더니 '스스로 소리내어 읽는 방법'이 가장 잘 기억되는 것으로 밝혀졌습니다. 다른 경우보다 최대 10%의 정보를 더 기억했다고 하니 꽤 효과 있죠? 열 문제 중 한 문제는 더 맞힐 수 있는 거니까요!

소리내어 읽으면 눈으로 1차 보고, 입으로 2차 소리 내며, 귀로 3차 듣기 때문에 한 번만 읽어도 세 번 외운 듯한 효과가 난다고 합니다. 또, 소리내어 읽다 보면 자연스레 '의미 단위'로 끊어 읽게 되는데요. 정보를 이해하기 쉽게 나누어 정리하게 되니 기억이 더 잘될 수밖에요.

흠…, 그런데 지금 소리 내서 외울 수 없는 독서실이라고요?
그렇다면…!

---

2 This time it's personal: the memory benefit of hearing oneself / Noah D. Forrin, Colin M. MacLeod / Memory / 2017

과학적인 벼락치기 비법 4. 시험날 아침밥 든든히 챙겨 먹기

'공부는 밥심이다'라는 말 들어보셨죠? 이 말도 과학적으로 사실입니다. 따라서 시험 기간만큼은 다이어트도 잠시 접어두고 중간중간 당 충전을 해주는 게 좋습니다.

우리가 섭취한 당은 우리 몸속에서 여러 과정을 거쳐 글루코스로 변합니다. 그리고 이 글루코스가 뇌 속에서 순환하며 기억을 돕죠. 거꾸로 당이 떨어지면 내 뇌가 막 달리려고 '부릉부릉~' 거리다가 연료가 모자라 곧바로 '푸쉬식…'하고 멈추게 됩니다. 그러니 시험 기간에는 밥을 든든히 먹어야겠죠?

특히 시험 당일 아침밥은 꼭 챙겨 먹는 걸 추천합니다. 시험은 보통 오전 중에 치르는데요. 자는 동안 음식을 섭취할 수 없기 때문에 아침을 먹어야만 시험 중 뇌에 글루코스가 공급될 수 있습니다. 뇌가 팽팽 돌아가야 공부한 것들을 기억해 적용할 수 있겠죠?

또, 아침에 식사하며 무언가를 '씹는 활동'. 그 자체가 뇌를 자극해 기억력이 높아지게 도와줍니다. 그러니까 시험을 준비하고 있다면 끼니를 챙기세요. 혹시 너무 긴장해 체할까봐 아침을 걸렀다면 따뜻한 꿀물 한 잔이라도 꼭 마셔주세요.

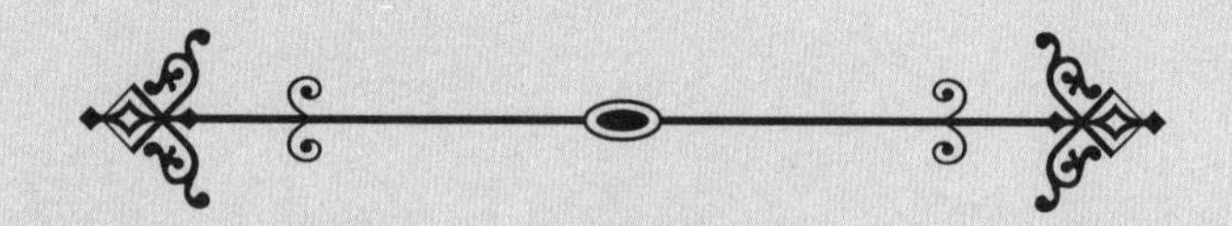

혹시나 불가피하게 벼락치기를 해야 하는 순간을 대비해 '빨간 종이에 적기, 시간에 쫓기며 공부하기, 소리내어 읽기, 밥 챙겨 먹기' 이렇게 네 가지 과학적 꿀팁을 드렸는데요.

하룻밤에 몰아서 공부하는 것보다 평소에 조금씩 공부하는 것이 더 건강한 기억법이라는 사실! 다들 알고 계시죠? 시험 전날 네 시간 동안 달달 외우는 것보다, 일주일에 네 번 30분씩 외우는 쪽이 훨씬 기억이 잘된다구요.

시험기간마다 늘 다짐하는 그 말 한번 더 외쳐볼까요?

"다음 시험부터 공부는 미리미리!"

벼락치기 자주 하면 뇌가 쪼그라든다?!

방금 소개해드린 과학적 벼락치기 꿀팁들을 활용하면,
벼락치기…, **참 쉽죠?**

그런데 벼락치기로 공부한 기억은 오래가지 못합니다. 여러분도 겪어보셨잖아요. 분명 예전에 벼락치기로 공부한 범위인데 다시 보면 차암~ 새롭습니다.

우리는 중간고사 기간 날밤을 새우며 생각합니다. '기말 때는 진짜 미리미리 공부한다. 나 진짜 다짐했다! 아무도 말리지 마!' 그런데 기말고사가 다가오면 또다시 시험 전날 카페인의 도움을 받으며 밤을 새우고 있는 자신을 발견합니다. 아, 물론 아무도 말리진 않았습니다.

이런 안 좋은 습관, <떠먹여주는 과학>이 다 고쳐드리겠습니다.
벼락치기가 알고 보면 **얼마나 위험한지** 알려드리죠.

1. 벼락치기, 중독된다?

곰곰히 생각해보면 이상합니다. 이렇게 고통스럽고 남는 것도 없는 벼락치기를 시험마다 하게 된다는 게 말이에요. 밤새워서 공부하는 거 정말 너~무 힘든데! 왜 우리는 벼락치기를 끊지 못하는 걸까요?

아까 시간이 촉박해 스트레스를 받으면 교감신경이 활성화된다고 했죠? 교감신경이 활성화되면 '아드레날린'과 '도파민'이라는 호르몬이 분비됩니다. 이 호르몬들은 뇌를 각성시켜 단기간에 집중하는 데 도움을 주는 한편 뇌를 중독시키기도 하죠.

여러분, 혹시 마감 직전에 과제나 일을 끝내면 속이 엄청 후련하고 두 배로 기쁘지 않나요? 그건 바로 고생하며 진행하던 일을 드디어 끝낸 그때, 쾌감이나 행복감을 느끼게 하는 도파민이 팡팡 뿜어져 나오기 때문이랍니다. 하지만 도파민에 익숙해진 뇌는 점차 자극에 적응해 점점 더 적은 도파민을 분비하게 되죠. 그 결과 마감 한 시간 전 끝내는 것 같곤 뿌듯하지가 않고, 30분 전, 10분 전, 1분 전… 점점 더욱더 아슬아슬한 벼락치기에 중독되는 겁니다. 그래서 매번 말로는 '다음에는 미리미리 한다!'라고 하지만, 또다시 벼락치기를 하고 맙니다.

2. 벼락치기 자주 하면 뇌가 쪼그라든다?

그런데요 여러분, 계속 그렇게 시험마다 벼락치기를 하다간…
뇌가 조그맣게 쪼그라들지도 몰라요!

벼락치기 때문에 스트레스를 받으면 앞서 말한 '아드레날린'과 '도파민' 외에도 '코르티솔'이라는 호르몬이 나오는데요. 이 코르티솔 때문에 이런 끔찍한 일이 발생할 수 있습니다.

하버드 의대 연구팀이 평균 나이 49살의 중년 남녀 2,231명을 모아 '코르티솔이 뇌에 미치는 영향'에 대해 실험해봤습니다.[1] 먼저 그들의 기억력과 사고능력을 테스트하고 혈액 내 코르티솔 수치를 확인해 '코르티솔 저농도', '코르티솔 보통 농도', '코르티솔 고농도' 그룹으로 나눴죠. 그리고 8년 뒤 이들을 다시 모아 기억력과 사고능력을 테스트하고 MRI를 찍어 뇌의 부피를 조사했습니다.

그 결과 '코르티솔 저농도' 그룹과 '보통농도' 그룹에는 큰 차이가 없었습니다. 그러나 '코르티솔 고농도' 그룹의 경우, '보통농도' 그룹보다 뇌의 부피가 0.2%나 작았다고 합니다. 한마디로 스트레스를 많이 받은 사람들의 뇌가 8년 새 쪼그라든 거죠!

이 실험은 성별에 따라서도 다른 결과를 보였는데요. 남성의 경우 코르티솔과 뇌 크기는 큰 상관관계가 없었지만, 여성의 경우 코르티솔이 많이 분비되면 뇌 크기가 줄어들었다고 하네요. 만약 내가 여자고 스트레스를 많이 받는다? 그렇다면 50살이 되기 전에 뇌가 쪼그라들 수 있다는 말이죠!

한편, 코르티솔 고농도 그룹은 기억력 평가에서도 다른 그룹에 비

---

1 Circulating cortisol and cognitive and structural brain measures / Justin B. Echouffo-Tcheugui, Sarah C. Conner, Jayandra J. Himali, Pauline Maillard, Charles S. DeCarli, Alexa S. Beiser, Ramachandran S. Vasan, Sudha Seshadri / Neurology / 2018.10

해 낮은 점수를 받았는데요. 코르티솔이 기억력을 담당하는 해마에 손상을 입혀 단기 기억이 장기 기억으로 전환되는 과정에 문제가 생긴 겁니다.

"엄마! 이 책에서 그러는데, 벼락치기 하면 뇌가 쪼그라든대."
"아이고 그래? 그러니까 벼락치기 하지 말고 미리미리 공부해!"
"엄마, 근데 난 벼락치기 안 해도 공부하는 거 자체가 스트레스니까 내 뇌를 지키기 위해 오늘부터 공부 안 할래!"
"……"
(짝!!!!)

여러분이 목청껏 외치다 등짝 맞는 소리가 책장 너머로 들려오는데요. 그럼, 건강하게 기억력을 증강하려면 어떻게 하면 될까요? 걱정 마세요. 이것도 다~ 과학적으로 알려드릴게요.

3. 건강하게 기억력 올리는 법

피할 수 없다면 즐기…, **라는 게 아니라.** 공부를 피할 수 없다면 약간의 휴식으로 코르티솔의 분비를 줄이고 기억력을 향상할 수 있습니다.

영국 에든버러대학교 연구팀과 미국 미주리대학교 연구팀은 뇌졸중으로 인해 뇌 손상을 입은 환자들에게 15개의 단어를 불러주고, 10분 뒤 얼마나 기억하는지 확인하는 실험을 진행했습니다.[2]

---

2 Boosting Long-Term Memory via Wakeful Rest: Intentional Rehearsal Is Not Necessary, Consolidation Is Sufficient / Jessica Alber,Nelson Cowan,Sergio Della Sala / PLOS ONE / 2014.10

먼저 환자의 집중을 분산시킨 상태로 15개의 단어를 외우게 한 후 시험을 봤습니다. 다음으로는 어두운 방에서 깨어 있는 채 편안히 누워 있게 하고 동일한 방식으로 시험을 봤죠. 그랬더니 이 짧은 휴식이 엄청난 효과를 발휘합니다. 짧은 휴식을 취했던 환자들은 기억하는 단어가 14%에서 49%로 무려 3배 이상 늘었던 겁니다!

추가로 환자들에게 여러 이야기를 들려준 뒤, 한 시간 후 질문에 답하게 하는 실험도 진행했는데요. 그 결과 휴식을 취하지 않은 환자들은 이야기를 7%밖에 기억하지 못했지만, 휴식을 취한 환자들은 79%나 기억했다고 합니다. 기억력 무려 11배 상승!

뇌 손상 환자가 아닌 정상인은 어땠을까요? 정상인 또한 휴식 후 암기력이 10~30%나 향상되었다고 합니다. 휴식의 효과, 숫자로 보니 정말 어마어마하죠?

"앗, 그러면 이제 휴식을 취해볼까~?"라며 스마트폰을 잡은 당신! 그대로 도로 내려놓으시면 됩니다. 쉴 때는 기억 형성에 방해가 되는 어떤 활동도 해서는 안 되거든요. SNS를 확인한다든가 과거를 되짚거나 미래의 일을 상상하는 지나친 사색은 뇌에게는 '쉼'이 아닌 '일'입니다. 공부나 암기 중 쉴 때는 잠시 명상하듯 멍 때리며 뇌를 풀어주세요. 그러면 여러분의 기억력이 훨씬 향상될 거예요.

또는 잠을 자는 것도 기억력 상승에 도움이 됩니다. 벼락치기를 하면 불가피하게 날을 새게 되죠? 시간이 부족하니 수면시간까지 반납하며 정보를 머릿속에 꾸역꾸역 넣는 건데요. 정리되지 않은 정보가 뒤죽박죽 엉켜 있으면 필요할 때 딱 맞는 정보를 빠르게 꺼내지 못합니다. 그러면 시험 시간에 '아! 이거 분명히 아는데. 분명히 외웠는데!' 하다가 딩동댕동, 종이 치는 거죠.

우리 뇌는 잠자는 동안 정보를 착착 정리해 저장합니다. 단기기억이 장기기억으로 저장되는 과정도 수면 중에 일어나죠. 공부한 내용을 오랫동안 기억하고 싶다면 충분한 휴식이 필수라는 것. 또 충분한 휴식을 위해서라면 뭐든 미리미리 해야 한다는 것. 잘 아시겠죠?

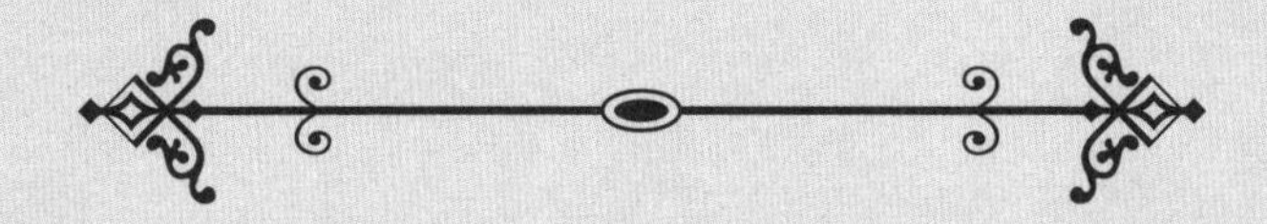

벼락치기 후 시험을 그럭저럭 잘 치렀을 때 '남들은 한 학기 내내 공부했겠지? 난 고작 며칠 만에 몰아서 했는데'라는 생각에 느껴지는 묘~한 뿌듯함! 중독될 정도로 짜릿한 그 기분!

하지만 시험이 끝나면 머릿속에 아무것도 남지 않아 허무하죠. 시험 잘 보려고 공부하는 게 아닌데 말이에요. 또 몇십 년 뒤 뇌가 쪼그라들 수도 있다는 끔찍한 리스크를 감당해야 하고요.

다음 학기에도 같은 내용을 반복해 외우지 않기 위해 나이가 들어도 건강한 기억력을 유지하기 위해. 평소에 조금씩 공부하자고요. 아까 외쳤던 그 말 한번 더 외쳐보죠.

"다음 시험부터 공부는? 미리미리!"

양치질, 그렇게 하면 '치매' 와요!

"도훈아, 네 이름은 도훈이야. 권도훈.
네가 사랑하는 사람은 이수진. 네 딸 이름은 아람이."

엄마가 드라마에 푹 빠져 있네요. 화면에서는 30대의 젊은 남자가 떨리는 목소리로 녹음을 이어갑니다. 내일의 자신이 잊으면 안 되는 것들을 나열하던 남자는 이윽고 울음을 터뜨리고 맙니다.

"(훌쩍) 아유, 젊은 사람이 치매에 걸려서 어떡해."
"엄마 울어?"
"나도 깜빡깜빡한데 남 일 같지가 않네."

치매는 대표적인 '퇴행성 질환'입니다. 한 번 걸리면 딱히 치료약도 없고 계속 나빠지기만 하는 정말 무시무시한 병이죠. 보통 65살 이후에 발병하지만, 가족력이 있다면 젊은 나이에도 발생할 수 있습니다.

그런데 최근 충격적인 연구 결과가 발표되었습니다. '양치질'을 게을리하면 드라마 속 주인공처럼 치매가 올 수 있으며, 심지어 암이나 심장병까지 올 수 있다고 하는데요? 저처럼 지금 뜨끔한 분들 계시죠? 이게 대체 무슨 말인지 지금 바로 알아보겠습니다.

● ● ●

1. 이 안 닦으면… '치매'에 걸린다고?

우리 몸은 유기적으로 연결되어 있습니다. 그래서 허리를 다쳤는데 발바닥이 저리기도 하고, 겨드랑이의 림프절이 뭉쳐서 어깨가 결리기도 하죠. 이런 원리로 잇몸병이 심하면 치매 발생률이 크게 높아진다는 건데요.

노르웨이 베르겐 대학 임상과학과 연구 결과, '치주염'의 원인이 되는 박테리아 '포르피로모나스 긴기발리스'는 음식을 씹기만 해도 혈관을 타고 입에서 뇌로 이동한다고 합니다.[1] 문제는 이 박테리아가 뇌에 침투하면 신경세포를 파괴하는 독성 효소를 분비하는데, 그 결과 알츠하이머성 치매가 생길 확률이 상당히 높아진다는 거죠.

실제로 사망한 치매 환자 53명의 뇌 조직 샘플을 연구해보니 무려 96%가 치주염 박테리아를 갖고 있었다고 하는데요. 연구에 참여한

---

1 Porphyromonas gingivalis in Alzheimer's disease brains: Evidence for disease causation and treatment with small-molecule inhibitors / Stephen S. Dominy, Casey Lynch, Florian Ermini, Malgorzata Benedyk, Piotr Mydel / Science Advances / 2019.01

표트르 미델(Piotr Mateusz Mydel) 교수는 "치주염 박테리아가 단독으로 치매를 일으키는 건 아니지만, 치매가 발생할 위험을 크게 높이고 그 진행 속도를 빠르게 할 수 있다."라고 설명했습니다.

아, 여러분 잠시만요.

저 점심 먹고 귀찮아서 양치 스킵했는데 잠깐 이 좀 닦고 올게요. 여러분도 지금 양치가 가능하시다면 이 페이지 살짝 접어놓고 얼른 다녀오세요! *(후다닥)*

…휴! 이 닦고 오니 조금 마음이 편해졌네요. 그럼 이제 더욱 충격적인 내용으로 계속 가보겠습니다.

2. 하루 세 번 양치로 암도 막는다!

'한국인의 사망 원인 1위.' 뭘까요?

네, 바로 **'암'**입니다. 36년째 부동의 자리를 지키고 있죠.

"뭐야, 설마 양치질이 암이랑도 관계가 있다고요? 아예 그냥 '만병 양치설'이라고 하죠?"

워워, 진정하고 들어보세요. 제가 겁주려고 하는 말이 아니라 진짜, 실제로, 놀랍게도, 양치랑 암은 아주 밀접한 관계가 있습니다.

스웨덴 카롤린스카 연구소 치의학부 연구팀은 "칫솔질을 소홀히 하면 젊은 나이에 암으로 죽을 위험성이 무려 80%나 높아진다."라는 놀

라운 연구 결과를 발표해 학계의 주목을 받았는데요.[2]

연구팀은 1985년 당시 30~40대의 남녀 약 1,400명을 무작위로 골라 구강 건강 상태를 체크했습니다. 그리고 24년 뒤 그들을 추적해 건강 상태를 파악했죠. 그중 58명이 사망했는데, 사망자 중 35명이 폐암, 대장암 등 '암으로' 생을 마감했습니다.

그런데 사망한 이들에게 눈에 띄는 공통점이 있었습니다. 바로 양치질을 제대로 하지 않아 입 안이 플라크와 세균으로 가득했다는 거였죠. 이들의 플라크 지수는 0.84~0.87%로 **치아와 잇몸 표면이 대부분 치태로 뒤덮여 있는** 수준이었는데요. 만약 이들이 젊은 시절에 암에 걸리지 않았더라면 여성은 평균 13년, 남성은 평균 8.5년. 즉, 거의 10년은 더 살 수 있었을 거라는 말이 더해져 더욱 더 충격적입니다.

양치 안 했다가 암까지 걸릴 수 있다뇨! 대체 왜 그런지에 대해 전 세계의 과학자, 의사들은 "충치균은 평소 입 안에 살다가 치주질환 등으로 잇몸에 상처가 생기면 혈관을 타고 들어가 전신에 염증을 불러일으킵니다. 그런데 암은 염증에서 시작하는 경우가 많죠."라고 설명했다는데요.

이제 점점 '만병 양치설'이 팩트로 드러나는 것 같죠? 마지막으로 진짜 중요한 것 딱 하나만 더 살펴보겠습니다.

---

2 The association of dental plaque with cancer mortality in Sweden. A longitudinal study / Birgitta Söder, Maha Yakob, Jukka H Meurman, Leif C Andersson, Per-Östen Söder / Karolinska Institutet / 2012.01

3. 심장병도 막는 건강한 양치습관

심장병. 듣기만 해도 가슴 철렁합니다. 일단 발생하면 사망률이 상당히 높은 데다 치료 후에도 평생 심각한 후유증을 남겨 더 무서운 병이죠. 앞서 한국인의 사망 원인 1위가 암이라고 했는데요. 2위로 꼽히는 원인이 바로 심혈관질환. 즉, 심장병입니다.

그런데 2019년 12월, 이화여대 의대와 울산대 의대가 심장병에 대해 놀라운 연구 결과를 발표했습니다.[3] 이제 대충 예상되시죠? 맞습니다. '양치를 제대로 하지 않으면 심장병에 걸릴 수 있다'라는 건데요. 여태껏 소개해드렸던 연구들이 해외에서 진행됐던 것과 달리 이 연구는 한국인을 대상으로 진행되어 좀 더 와닿습니다.

연구팀은 국민건강보험 가입자 16만 1,286명을 대상으로 이들의 10년 전 정기건강검진 데이터를 10년 후 데이터와 비교했습니다. 그러자 추적연구기간인 10년 동안 4,911명이 심방세동을 7,971명이 심부전을 앓게 됐다는 걸 발견했죠. 심장병에 걸린 사람들과 그렇지 않은 사람들을 비교해보니 그 차이점은? 바로 양치! 양치를 꾸준히 하지 않았던 사람들은 10년 후 심방세동 발생 위험이 10% 심부전 위험이 12%나 더 높게 나타났습니다.

구강위생 상태가 좋지 않을 경우 충치를 일으키는 뮤탄트균을 비롯한 각종 세균이 혈액을 타고 심장으로 이동합니다. 그 결과 심장에

---

3 Improved oral hygiene care is associated with decreased risk of occurrence for atrial fibrillation and heart failure: A nationwide population-based cohort study / Yoonkyung Chang, Ho Geol Woo, Jin Park, Ji Sung Lee, Tae-Jin Song / European Journal of Preventive Cardiology / 2019.12

세균성 염증이 생기는 '심내막염'은 물론이고, 심장이 불규칙하게 뛰는 '심방세동', 심장 기능 저하로 신체에 혈액을 제대로 공급하지 못하는 '심부전'을 일으킬 수 있죠. 연구에 참여한 송태진 교수는 "양치질만 잘해도 치아와 잇몸 사이에 번식하는 박테리아가 줄면서 혈액 내 침투를 막아 심장질환을 크게 막을 수 있어요."라고 설명했습니다.

혹시 아까 저 이 닦으러 갈 때, 갈까 말까 고민하다 귀찮아서 양치 안 하신 분? 이쯤 되면 막 양치를 하고 싶은 느낌적인 느낌이 솟구치죠? 얼른 다녀오겠다고요? 앗, 잠시만요! 양치하는 김에 제대로 할 수 있게 올바른 양치법 알려드릴게요. 보고 가세요!

4. 여태껏 '333 법칙'만 알았다면? 최신 양치법 알아가자!

양치 안 해서 요단강 건너고 싶은 분은 없겠죠? 양치법 네 가지를 알려드릴 테니, 본인에게 맞는 방법을 골라 오늘부터는 정성 들여 꼼꼼히 닦아주세요.

1) 칫솔질이 서툰 유아에게 추천! **'폰즈법'**

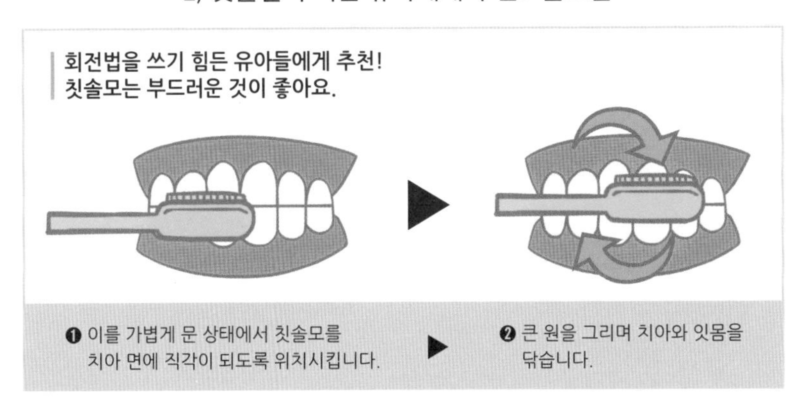

아이가 아직 어려 칫솔질이 서툴거나, 이 닦기를 특히 싫어하나요? 그렇다면 양치에 흥미를 느낄 수 있도록 이 방법을 써보세요.

먼저 아이의 이를 꽉 다물게 합니다. 그 상태에서 칫솔을 치아에 직각으로 댄 후 둥글게 둥글게~ 큰 원을 그리며 닦아줍니다. 치아 표면을 다 닦아주었다면, 입을 벌려 치아 안쪽도 작은 원을 그리듯 닦아주세요. 씹는 면도 쓱싹쓱싹 닦고, 마지막에는 혀까지 닦아주면 끝!

아이가 이를 다 닦고 나면 "아이고 눈부셔! 눈부셔서 눈을 못 뜨겠네!"라며 연기력을 끌어올려 칭찬 쇼를 보여주는 것도 잊지 마세요. 양치를 즐거운 일로 생각하게 되어 올바른 양치습관을 갖게 되는 데 도움이 될 거예요.

2) 잇몸이 건강한 청소년과 성인이라면? **'회전법'**

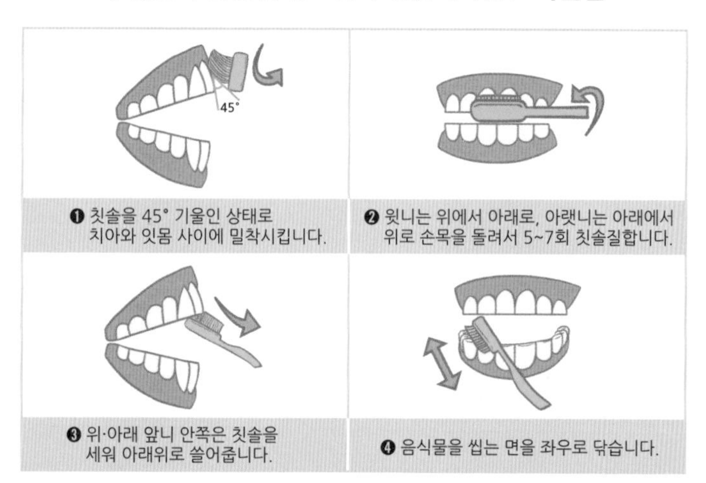

충치가 몇 군데 있어 치료하고 때우긴 했지만 특별한 잇몸병 없이 건강한 상태라고요? 그렇다면 회전법으로 양치하면 됩니다. 회전법의

핵심은 손목 회전을 이용해 아랫니는 아래에서 위 방향으로, 윗니는 위에서 아래 방향으로 칫솔모를 회전시키며 닦는 것입니다.

먼저 칫솔을 45° 기울여 치아와 잇몸이 닿는 부위에 밀착해 주세요. 그리고 치아 결을 따라 위아래로 5~7회 정도 회전시키듯 쓸어내리거나, 쓸어올려 치아 사이사이에 낀 플라크를 제거합니다. 어금니 윗부분은 문지르듯 꼼꼼히 닦아 주시고, 혀도 잊지 말고 닦아주세요.

3) 치주질환 예방에 탁월한 **'와타나베법'**

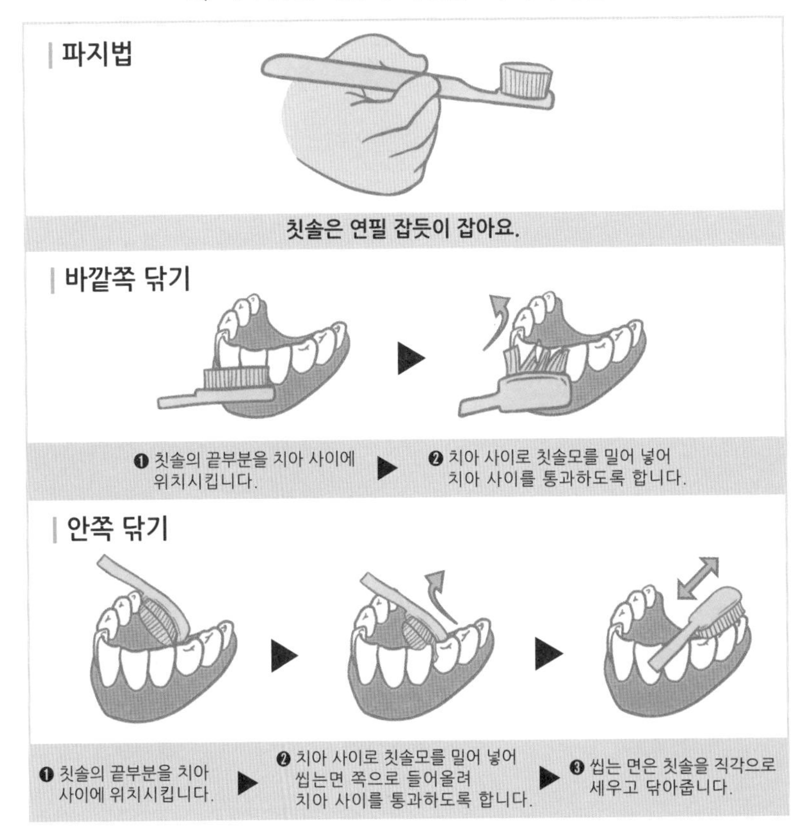

'와타나베법'은 중년의 치주염 환자에게 특히 추천하는 방법입니다. 치아와 치아 사이, 치아와 잇몸 사이에 칫솔모를 이쑤시개처럼 밀어 넣어 음식물을 빼는 방법인데요. 다른 양치법과 칫솔 잡는 방법부터 조금 다릅니다.

먼저 칫솔을 연필 잡듯 잡은 후 칫솔모를 30° 정도 기울여 주세요. 그리고 치아와 치아 사이에 칫솔모를 밀어 넣습니다. 그리고 상하로 살살 움직여 닦아주면 됩니다. 이때, 칫솔모가 2단으로 이루어진 전용 칫솔을 사용하면 더욱더 좋은데요. 한 줄은 치아 사이를, 다른 한 줄은 잇몸 마사지를 도와 건강한 잇몸을 유지할 수 있습니다.

4) 누구나 적용 가능한 **'반대손 양치법'**

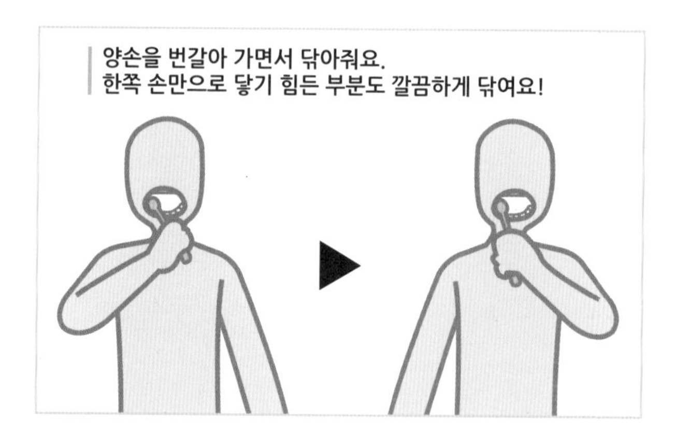

마지막은 남녀노소 누구나 적용 가능한 반대손 양치법입니다. 거창한 건 아니고요, 양치할 때 번거롭더라도 반대쪽 손으로 한 번 더 닦아주면 됩니다.

한 손으로만 양치할 경우 오른손잡이의 경우 왼쪽 어금니 끝부분,

왼손잡이의 경우 오른쪽 어금니 끝부분까지 꼼꼼히 닦기 어렵습니다. 따라서 치과 의사들은 번거롭더라도 양손을 사용해 양치하는 것을 추천한다고 하네요.

휴! 오늘부터 양치할 때면 이 네 가지 방법을 떠올리며 구석구석 꼼꼼히 닦아야겠어요.

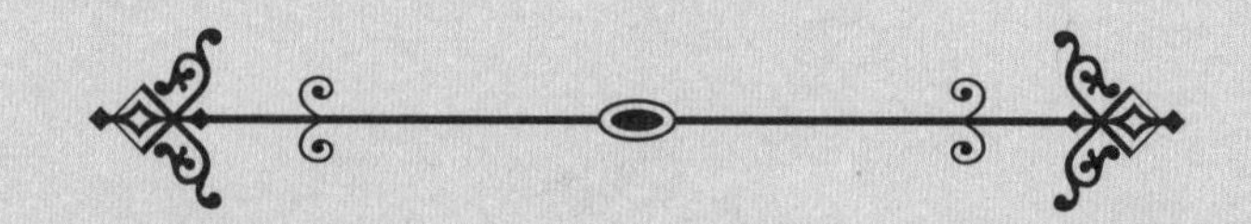

지금 이 글을 보고 있는 여러분도 너~무 귀찮고 피곤해서 이 닦는 걸 스킵한 적 분명 있으실 텐데요. 사람은 누구나 나이 먹으면 죽지만, 양치를 제대로 하지 않으면 더욱 비참한 모습으로 죽을 수도 있다는 거!

전 치매 안 걸리고, 암 안 걸리고, 심장병 안 걸리고, 진짜 건강하게 살다가 세상을 떠나고 싶어요. 여러분도 물론 그러시겠죠?

하루 3분씩 3번. 총 10분만 투자하면 건강을 유지하는 데 크게 도움이 된다고 하니 우리 귀찮더라도 꼬박꼬박 양치하자고요!

'2분 만에 스르륵~'
꿀잠 보장! 해파리 수면법

-2차 세계대전 중, 미국

"두두두두! 두두두두! 피융- 팡!"

쉴 새 없는 출격과 연이은 전투. 언제 적군이 닥칠지 모르는 긴박한 상황. 군인들에게 빨리, 또 짧게 자는 것은 선택이 아닌 필수였습니다.

그러나 수면이 부족해지자 군인들의 스트레스는 극에 달합니다. 스트레스 때문에 적의 공격을 피할 수 있는 상황에서도 격추되고, 심지어 아군을 적군인 줄 알고 사격해버리기도 할 정도였죠.

'이대론 안 되겠는데? 뭔가 해결책이 필요해.' 미국 국방부는 고민 끝에 운동심리학자이자 대학 육상코치인 버드 윈터(Lloyd Bud Winter)를 미군의 수면 교사로 초빙합니다.

◀ **버드 윈터**(1909~1985)

▲ 버드 윈터의 저서

그렇게 미군은 '어떠한 상황에서도 2분 만에 꿀잠에 빠질 수 있는 수면법'을 개발하는데요.[1] 전쟁통에 폭탄이 떨어지는 상황에서도 2분 안에 잠들 수 있었던 방법이라고 하니 좀 믿음이 가지 않나요?

혹시 매일 밤 양을 세다 밤을 지새우는 분이 있다면 너무 쉬운 방법이니 한번 믿고 따라 해보세요. 밑져야 본전이잖아요!

1. 미군이 개발한 '해파리 수면법'

이 트레이닝법은 크게 '육체적 휴식'과 '정신적 휴식'으로 구분되어 있습니다. 먼저 육체적 휴식을 취하는 방법부터 알려드릴게요.

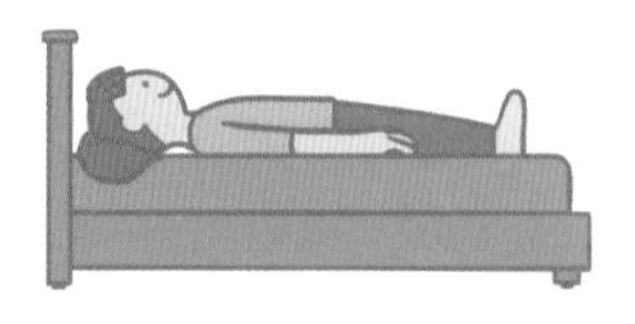

1) 편안한 자세로 눕습니다. 눕기 힘든 상황이라면 양 무릎을 뗀 상태로 다리를 쭉 뻗고 앉아주세요.

---

1 〈Relax and Win: Championship Performance In Whatever You Do〉/ Lloyd Bud Winter / 1981

2) 눈을 감습니다. 천천히, 일정하게 심호흡을 하며 의식적으로 얼굴의 모든 근육을 이완시킵니다. 미간에 물방울이 하나씩 똑, 똑 떨어진다 생각하며 미간 주름을 펴주시고, 눈과 눈 주위 근육, 입술, 혀와 턱관절까지 힘을 모조리 빼주세요.

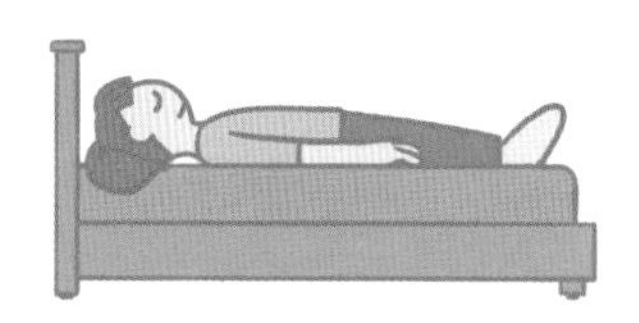

3) 어깨와 팔에 힘을 최대한 빼고, 목 뒤쪽의 근육이 마비된 것처럼 머리를 축 늘어뜨리세요. 만약 앉아 있는 상태라면 턱이 가슴에 오도록 머리를 늘어뜨립니다.

4) 숨을 크게 들이마셨다가 내쉬면서 가슴 부분의 상체 근육을 이완시킵니다. 심호흡을 계속하며 종아리, 허벅지 등 다리까지 순서대로 전신의 긴장을 풀어주세요. 그리고 해파리가 되었다고 상상합니다. '나는 해파리다. 물속에서 온몸에 힘을 뺀 채 둥둥 흘러가고 있다.' 연체동물이 되어 전신에 힘이 모두 빠져버린 자신을 느껴보세요.

이렇게 전신의 긴장을 다 풀고 나면 마지막으로 3회 천천히 심호흡합니다. *후-하.*

이제 정신적 휴식을 취할 차례입니다.

5) 투명하고 잔잔한 호수 위에 작은 배 한 척이 떠 있습니다.

당신은 배에 가까이 다가가 그 안에 눕습니다. 등 뒤로 부드럽게 일렁이는 물결의 흐름이 느껴지시나요? 눈앞에는 맑고 파아란 하늘이 펼쳐져 있네요. 정말이지 평화롭습니다.

낮 버전 상상이 취향이 아니라고요? 그럼 밤 버전도 있습니다. 까맣고 포근한 방 안 한가운데에 까만 벨벳으로 만들어진 해먹이 놓여 있습니다. 부드러운 해먹에 폭 감싸여 잔잔히 흔들리는 몸을 느껴보세요. 당신은 고요함 속에서 포근한 휴식을 취합니다.

6) 만약 이런 상상에 쉽게 집중되지 않는다면 10초간 마음속으로 '생각하지 말자, 생각하지 말자'라는 말을 천천히 반복합니다.

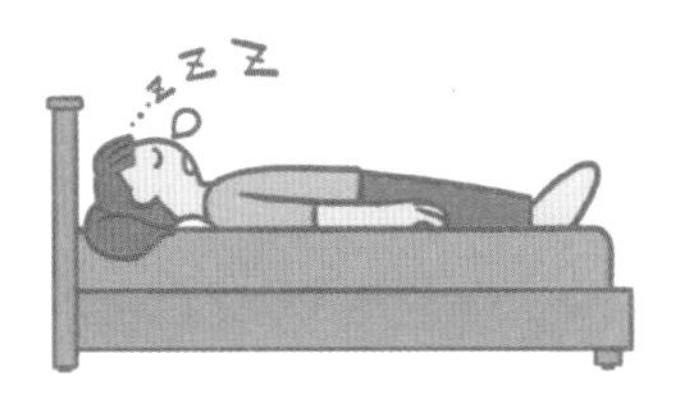

7) 이렇게 하면 **2분 안에 꿀잠!** 드르렁 쿨쿨…, 다음 날 아침 놀라울 정도로 개운할 거예요.

해군 비행 학교에서 예비 조종사들을 대상으로 이 수면법을 6주간 반복 훈련했더니, 96%가 2분 이내에 쿨쿨 잠드는 데 성공했다고 합니다. 불면증이 있는 분이라면 오늘 밤, 꼭 한번 해보세요!

2. 잠이 솔솔 오는 환경 만들기

자, 이번에는 잠을 잘 잘 수 있도록 일상생활의 환경과 습관을 바꿔 보죠. 물론 과학에 근거해서요!

불면증에 시달리는 분이라면 암막 커튼, 안대…, 다 소용없다는 거 이미 잘 아실 텐데요. 2015년, 국제 생물학 학술지 <커런트 바이올로지>

에 게재된 논문에 따르면, 수면에는 '빛'보다 '온도'가 더 큰 작용을 한다고 합니다.[2]

과학자들은 산업화 이전 상태를 유지하고 있는 수렵 채취 부족(탄자니아의 하자족, 나미비아의 산족, 볼리비아의 치메인족)을 대상으로 수면 패턴을 연구했는데요.

연구진은 관찰 전 '인공적인 빛과 소음이 없는 환경이니, 아마 해 질 무렵 잠자리에 들어 동틀 때 일어날 것'이라고 예상했습니다. 그러나 흥미롭게도 연구진이 예상한 수면 패턴대로 잠들고 일어난 사람은 없었습니다. 이들은 모두 일몰 후 약 3시간 반이 지나서야 잠들었고, 동트기 전에 일어났죠. 빛과 수면에 별 상관관계가 없다는 게 밝혀진 겁니다.

과학자들은 방향을 틀어 이번에는 이들이 사는 곳의 온도를 분석해 봤습니다. 그러자 금세 공통점이 드러났죠. 이들은 모두 '밤 중 가장 추운 시간대'에는 쿨쿨 잤고, 새벽이 되어 '더 이상 기온이 낮아지지 않을 때' 눈을 떴습니다.

연구팀은 "냉·난방 장치가 빠방한 현대의 수면 환경과 달리, 자연 환경에선 하루의 온도 변화 주기가 수면 패턴에 강력한 영향을 미친다. 뇌의 시상하부에 있는 특정 세포가 온도 변화를 감지해 수면을 조절한다."고 결론 내렸죠.

---

2 Natural Sleep and Its Seasonal Variations in Three Pre-industrial Societies / Jerome M. Siegel, Gandhi Yetish, Hillard Kaplan, Michael Gurven, Charles Wilson, Ronald McGregor / Current Biology / 2015.11

"음, 그러니까 밤에 잘 자고 싶으면 뒷산에서 자라는 말인가요?"

워워 진정하세요 여러분! 그 험악한 표정 푸시라고요! 춥고 무서운 숲속 말고, 따뜻하고 아늑한 내 방에서 어떻게 해야 잠이 더 잘 올지 알려드릴 테니까요.

현대사회에서 적절한 수면 환경을 만들기 위해서는 피부 체온이 아닌 심부 체온(Core body temperature), 즉 뇌와 내장이 있는 몸 '속' 체온을 0.95~1.43℃ 정도 떨어트리면 됩니다. 심부 체온이 너무 높으면 쉽게 잠들지 못하거나, 잠이 들더라도 깊이 자지 못하기 때문이죠.

심부 체온을 낮추는 방법은 크게 세 가지가 있습니다.

첫째, 우리 주변 온도를 낮춘다.

질 좋은 잠을 자기에 적합한 침실 온도는 18℃ 언저리입니다. 침구의 보온 효과까지 고려하면 16℃가 가장 좋다는 연구 결과도 있습니다. 약간 으슬으슬하다는 느낌이 들어야 숙면에는 더 좋다는 말이죠.

둘째, 손발을 이불 밖에 내놓고 잔다.

사람의 몸은 자는 동안 손과 발을 통해 체내 열을 배출해 심부 체온을 낮춥니다. 따라서 손발이 차가운 상태가 아니라면 이불 밖으로 내놓고 자는 게 더 좋습니다.

셋째, 피부 체온을 올린다.

"엥? 작가님 여기 오타 났는데요? 몸속 체온을 낮춰야 한다면서요! 피부 체온도 낮춰야 하는 거 아닌가요?"

아닙니다.

네덜란드 연구진의 연구 결과에 따르면, 피부 체온을 0.4℃ 올리면 잠을 깨는 빈도가 줄어들고 더욱더 깊은 잠을 자는 것으로 나타났는데요. 잠들기 전 피부체온을 살짝 올려두면, 시간이 흐르면서 심부체온이 큰 폭으로 떨어진다고 하네요.

따라서 꿀잠을 원한다면 매일 밤 40℃의 따뜻한 목욕물에 15분 정도 몸을 담그면 좋습니다. 샤워같이 금방 끝나는 목욕으로는 체온을 올리기 어려우니 넉넉한 시간을 잡고 목욕하는 것이 중요하다고 하네요.

잠이 부족한 사람들은 스트레스를 받았을 때 분비되는 호르몬, '코르티솔'의 농도가 일반인의 2배 이상 높다고 하죠. 아까 말했던 벼락치기 하면 안 되는 이유, 기억하시죠? 코르티솔 많이 나오면 뇌가 쪼그라들 수도 있다고요! 또, 코르티솔 수치가 높으면 고혈압을 비롯한 심장질환에 걸릴 가능성도 커집니다.

한편, 수면 부족에 시달리면 감정 조절에도 문제가 생기며, 살도 더 쉽게 찐다는 연구 결과도 있답니다. 잠 못 자는 것도 서러운데, 성격도 더러워지고 살도 찐다뇨. 잠 푹 자는 게 이렇게 중요할 줄은 몰랐네요.

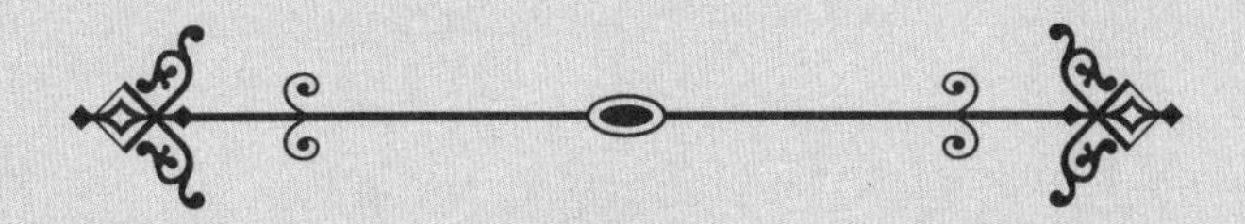

여러분, 오늘 밤엔 아래 QR코드를 통해 <떠먹여주는 과학>의 '해파리 수면법' 영상을 틀어보세요. 여러분은 곧 흐물흐물한 해파리처럼 힘이 빠지고, 포근한 단잠에 빠지게 될 겁니다.

성공하셨다면 '오 이거 내가 해봤는데 진짜로 효과 있음'이라고 댓글도 꼭 남겨주시고, 잠 못 이루는 친구들에게도 추천해주세요! 좋은 건 나눠보자고요.

* 이 꼭지는 영상으로 보시면 더 재미있어요.
유튜브 〈떠먹여주는 과학〉채널에서
영상으로도 만나보세요!

엘리베이터 추락사고, 점프하면 산다?

요즘 건물은 4층만 되어도 기본적으로 엘리베이터가 있습니다. 쉽게 오르락내리락할 수 있는 엘리베이터에 익숙해져 저는 이제 계단을 오르내리지 못하는 몸이 되어버렸는데요. 오늘 엘리베이터를 타고 목적지에 도착하기 전, 문득 이런 생각이 들었습니다. '엘리베이터가 갑자기 멈추면 어떻게 하지? 우리 집은 13층인데, 한 10층쯤에서 갑자기 아래로 훅 떨어지면… 역시 죽겠지?'라는 불안한 생각이요.

저와 같은 걱정에 잠 못 이루는 분들께 바칩니다. 자유 낙하하는 엘리베이터에서 살아남는 법!

한 때 이런 말이 인터넷에 돌았습니다.

'사고로 엘리베이터가 떨어질 때, 타이밍을 잘 맞춰 점프하면 산다.'

엘리베이터가 추락하기 직전에 1m 정도 뛰어오르면, 엘리베이터가 높은 곳에서 추락해 엄청난 충격을 받아도 사람은 1m 높이에서 떨어지니까 충격을 훨씬 덜 받게 된다는 이야기인데요. 정말 사실일까요?

엘리베이터가 추락하면 자유낙하 운동을 하며 $\sqrt{2gh}$ 의 속도로 떨어집니다. 여러분이 비교적 낮은 30m, 그러니까 12층 높이에서 떨어진다면 24m/s, 시속 87km/h의 엄청난 속도로 바닥과 충돌하게 되죠. 이 속도라면 지면에 닿을 때까지 고작 2.45초밖에 걸리지 않습니다.

이렇게 짧은 시간에 타이밍 맞춰 점프한다는 건 사실상 불가능한데요. 낮은 위치라 그렇다고요? 그럼 100m로 높여봅시다! 더 높은 곳에서 추락하게 되면 지면에 닿을 때의 속도는 더 빨라집니다. 아까보다 훨씬 빠른 약 44.3m/s, 시속 159 km/h로 바닥과 충돌하게 되죠. 결국 지면에 닿기까지 고작 4.52초밖에 걸리지 않습니다.

음… 그렇다면 그냥 엘리베이터가 떨어짐을 느끼는 동시에 뛰면 살 수 있을까요? 사실 떨어지는 엘리베이터에서 바로 뛰어도 충격을 완화하긴 힘듭니다. 엘리베이터보다 아주 조금 늦게 떨어질 뿐, 높은 위치에서 떨어졌다는 건 변함없기 때문이죠.

자, 집에 있는 종이컵으로 한번 실험해봅시다! 종이컵에 물을 담고 아래쪽에 구멍을 뚫으면 구멍으로 물이 새죠? 컵은 사람이 잡고 있으니까 그대로 있지만, 물은 사람이 잡고 있지 않아 중력 때문에 밑으로 떨어집니다. 이제 뚫린 구멍을 손가락으로 막고 물을 다시 담아줍니다. 그리고 컵에서 양손을 떼면? 놀랍게도 추락하는 동안은 컵의 구멍으로 물이 나오지 않습니다. 종이컵과 그 안에 담긴 물이 모두 중력에 의해 '자유낙하' 하면서 같은 속도로 떨어지기 때문이죠. 즉, '누가 더 지면에 빨리 닿느냐'에는 거의 차이가 없습니다.

게다가 떨어지는 엘리베이터에서 점프하면 엘리베이터 천장에 머리를 박고 바닥에 내동댕이쳐져 더 크게 다칠 수 있습니다. 누가 이런 위험한 생각을 했는지 모르겠지만, 엘리베이터에 천장이 있는 한 점프하는 건 상당히 위험한 아이디어입니다.

그럼 어떻게 해야 자유 낙하하는 엘리베이터에서 살 수 있느냐고요? 크게 두 가지 방법이 있습니다.

첫 번째 방법은 신체구조를 이용해 충격을 최대한 흡수하는 겁니다. '뭔가 잘못됐다'는 걸 느낀 즉시 재빨리 양팔을 손잡이에 걸치고 두 다

리를 어깨보다 넓게 벌린 후 살짝 무릎을 굽혀 안정적인 기마자세로 버팁니다. 추락과 동시에 무릎과 골반, 허리 등을 살짝 굽히며 스프링처럼 충격을 흡수하는 게 포인트인데요. 이렇게 하면 타박상이나 가벼운 골절상. 심한 경우 하반신만 포기하면 목숨을 부지할 수 있습니다.

두 번째 방법은 MIT 공대에서 추천하는 방법인데요. 신체 전체에 충격을 최대한 분산하는 겁니다. 이렇게 바닥에 등을 대고 양 팔다리를 쭉 뻗어 눕거나 엎드리면, 전신으로 충격이 분산돼 한 부위가 심하게 다치는 걸 막을 수 있죠. 만약 가방이나 외투 등의 소지품을 들고 있다면 머리 뒤쪽에 받쳐 뇌를 보호해 주세요. 팔다리가 다치는 것보다 뇌가 다치는 것이 더욱 치명적이니까요. 이 자세로 충격을 받으면 갈비뼈가 부러질 수 있지만, 갈비뼈는 다른 부위에 비해 회복이 빨라 괜찮다고 하네요.

사실 제가 겁이 많아 오늘 이런 상상을 해봤지만 '엘리베이터가 떨어지면 어쩌지?'라는 걱정은 접어두셔도 됩니다. 엘리베이터에는 5~8개 정도의 아주 두꺼운 강철선이 연결되어 있는데, 최대 중량의 무려

12배 정도를 버틸 수 있게 설계되어 끊어지는 경우가 드뭅니다. 혹여나 마모나 부식 등 다른 이유로 강철선이 한두 개 끊어진대도 다른 선들이 충분히 버틸 수 있어 당장 사고가 발생하지도 않고요.

그래도 만약 추락사고가 발생하면 어떡하냐고요? 걱정 마세요. 엘리베이터 설계 속도의 1.3배를 초과하면 즉시 비상 정지 장치가 작동해 자동으로 브레이크가 걸립니다. 게다가 바닥에는 충격을 흡수할 스프링 구조물도 설치돼 있어 떨어졌을 때의 충격을 크게 완화해주죠.

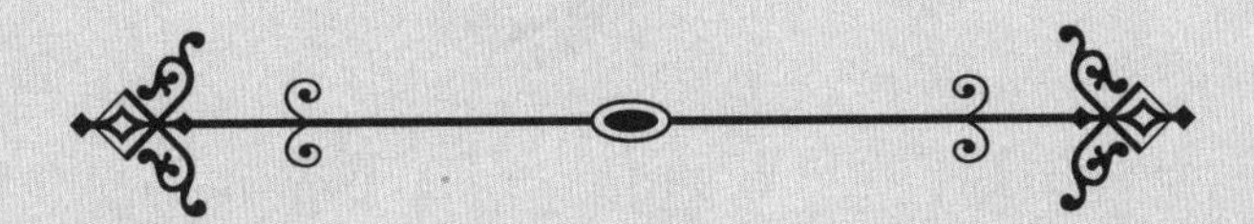

전 세계적으로 엘리베이터의 자유 낙하 추락 사고는 거의 없습니다. 가끔 발생하는 엘리베이터 사망 사고는 대부분 신체의 일부가 끼어 발생하죠.

그러니 '혹시라도 떨어지면 어떻게 하지?'라는 걱정은 더는 안 하셔도 됩니다~ 오늘부터는 추락 대신 끼임 사고를 걱정하세요! (엥…?)

조난 시 바다에서 존버하는 법

끼룩… 끼룩…
"하… 어떻게 하지…?"

끝없이 펼쳐진 바다. 침몰하는 배에 있던 구명 뗏목에 가까스로 올라탄 당신. 만약 당신이 구명 뗏목을 타고 바다를 표류하며 구조를 기다리고 있다면 대체 어떻게 행동해야 살아남을 수 있을까요?

1. 119에 조난 사실 알리기

아마 당신은 뗏목으로 옮겨 타기 전 119에 신고를 했을 겁니다. 구명 뗏목이 실려 있던 유람선이나 보트의 조난통신장비를 통해서요.

▲ 조난통신장비 DSC - 사진제공 GMT

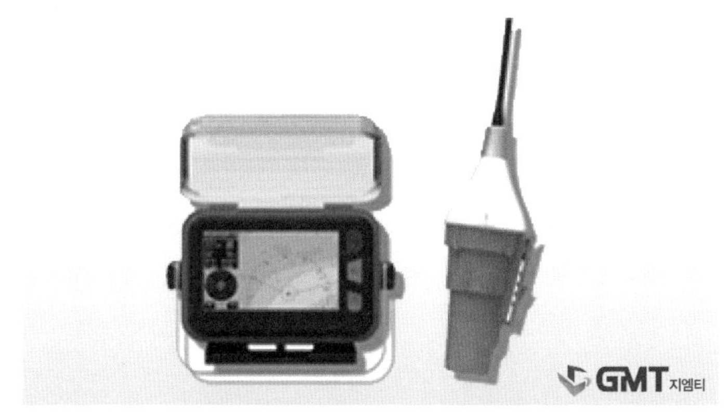

▲ 어선위치발신장치 V-Pass - 사진제공 GMT

DSC나 V-Pass 같은 조난통신장비의 사용 방법을 모른다고요? 걱정하지 마세요! 휴대폰으로 119에 연락해도 GPS를 통해 당신의 위치를 알 수 있거든요. 실제로 2020년 6월 보트 여행을 하다 조난당한 부부가 스마트폰으로 구조신호를 보내 무사히 구조된 사례도 있습니다.

조난 사실을 신고하는 것은 아주 중요합니다. 조류의 움직임 때문에 당신이 본의 아니게 이리저리 움직이게 되더라도, 신고한 시점의 위치와 시간을 이용해 당신의 이동 경로를 예측할 수 있기 때문이죠.

신고가 끝났다면 이제 남은 것은 당신과 당신이 탄 구명 뗏목, 그리고 지평선 외엔 아무것도 시야에 걸리지 않는 광활한 바다입니다.

2. 의장품 확인

바다에 홀로 남아 외롭고 막막한 상황이지만 괜찮아요! 호랑이 굴에 물려가도 정신만 차리면 산다고 하잖아요? 이제 마음을 굳게 먹고 뗏목 안을 한번 살펴봅시다. 어디 보자… 의장품으로는 구난 식량, 식수, 음료수, 나침반, 보온구, 생존지침서, 안전칼, 거울, 구명 신호, 호루라기, 바가지까지 들어있네요.

…바가지는 왜 들어있느냐고요? 만약 뗏목 안에 물이 차오르는데 바가지가 없다면 신고 있던 신발로 물을 퍼내야 할지도 모르기 때문입니다.

의장품을 확인했다면 소중한 의장품이 바닷속으로 풍덩 빠지는 일을 방지하기 위해 천막에 단단히 고정해 주세요. 주변에 큰 배나 당신을 구하기 위해 온 구조대가 보이면 바로 신호를 보낼 수 있도록 구명 신호는 언제든 꺼낼 수 있는 곳에 넣어두는 게 좋습니다.

"휴, 그래도 구난 식량에 물까지 들어 있네! 이거부터 먹고 힘내볼까?"

안 됩니다. 배가 고프고 목이 마르더라도 조난된 지 24시간 이내라면 식량과 물은 최대한 아끼는 게 좋아요. 구조되는 시점이 3일 후가 될지, 일주일 후가 될지, 한 달 후가 될지 알 수 없기 때문이죠. 하지만 만약 아프거나 상처가 있다면 참지 말고 소량의 물을 마셔 갈증을 해소하세요.

3. 식량과 물 관리하기

얼마나, 어떻게 아껴 먹어야 하나고요? 먼저 식량은 조난 후 하루 지난 뒤부터 하루에 50kcal 이하로 천천히 섭취합니다. 인간은 이미 체내에 영양분을 비축해두고 있어 음식을 먹지 않아도 충분한 물만 마신다면 60일을 생존할 수 있습니다. 물론 조난을 당한 상황이라면 물은 충분치 않을 거예요. 하지만 제 말은 음식이 모자라도 수분 관리만 잘한다면 당신이 생존할 확률은 높아진다는 거죠!

물은 하루에 500mL를 여러 번에 나눠 마십니다. 이때 입 안 전체를 적신 후 마셔주세요. 잠깐! 혹시 물이 없다고 바닷물을 마시는 바보… 아니, 사람은 없겠죠? 아시다시피 바닷물에는 무지막지한 양의 염분은 물론이고 각종 미생물이 들어 있기 때문에 그냥 마시면 조만간 죽게 됩니다.

또, 몇몇 분들에게는 놀랍게도 소변도 마시면 안 됩니다. 제 말에 아마 여러분은 **'아니, 베어그릴스 형도 급한 상황에선 소변을 마시는 게 탈수를 방지하는 데 도움이 된다고 했는데 왜?'**라는 생각이 드실 텐데요.

소변은 95%의 수분과 5%의 잉여 전해질로 구성되어 있습니다. 따라서 위급상황 시 소변 섭취로 탈수를 예방할 수 있다는 말은 사실입니다. 다만 당신이 건강한 상태라면요. 하지만 바다 위를 표류 중인 지금! 당신이 물 대신 소변 섭취를 즐기는 특이한 취미를 가진 게 아니라면, 소변 섭취를 결심한 시점에서 이미 목마름에 허덕이는 상태일 겁니다. 지금까지 제한된 양의 수분으로 버텨온 당신의 몸은 이미 건강하지 않습니다. 당신의 소변은 나트륨 과다 상태일 거고, 그것을 마시는 건… 바닷물을 마시는 것과 다를 바 없는 거죠.

4. 저체온증 방지

자, 이제 본격적인 생존 준비에 들어갑시다! 일단 가지고 있는 모든 옷을 껴입어 저체온증을 막아주세요. 머리와 손발에도 모자와 장갑, 양말을 착용합니다. 우리 몸의 열 중 10%는 머리를 통해 빠져나가기 때문에 모자를 쓰는 건 매우 중요합니다. 상의는 하의 속에 소매는 양말과 장갑 속에 넣어 바람도 꼭꼭 차단해주세요. 구명조끼가 있다면 그것도 겉에 입어줍니다. 구명조끼는 수영할 때도 도움을 주지만 좋은 보온구이기도 하거든요.

저체온증 방지는 정말 너무너무 중요한데요. 조난자 중에 익사보다 저체온증으로 사망하는 경우가 많을 정도랍니다. 같은 온도라도 물속에선 체온을 20배 이상 빠르게 잃게 되니 혹시라도 몸을 젖게 할 행동은 피해 주세요.

참! 조난 상황 중엔 축축하고 차가운 신발을 오래 신을 때 생기는

'침족병'에 걸리기 쉬운데요. 이를 방지하기 위해 신발을 벗고 발을 들어 올리는 운동을 가능한 한 자주 해줍시다. 그리고 발을 건조한 상태로 유지하는 것도 잊지 말고요.

"자, 다 챙겨 입었고…, 그러고 보니 영화에서 체온 올리려고 술 마시던데. 체온도 올릴 겸, 기분도 풀 겸 술이나 한잔할까?"

잠깐만요! 영화에서 본 것처럼 추위를 잊기 위해 술을 마시는 건 자살행위입니다. 알코올을 섭취하면 감각이 둔해져 따뜻해지는 느낌은 들지만, 술이 혈관을 확장해서 혈액순환을 촉진하고 체열 발산을 증가시키거든요. 그 결과 당신은 결국 체온을 잃게 될 겁니다.

5. 장기 표류 준비

하아… 하룻밤이 지나고 다음 날이 되었습니다. 벌써 조난 후 24시간이 지났네요. 어디서 본 건 있어서 배에 쓱 금을 하나 그어봅니다. 이 금을 몇 개나 그어야 구조될 수 있을까요? 슬픈 상상은 그만둡시다. 절 믿고 따라주신다면 반드시 살아서 나갈 수 있어요!

이제 슬슬 장기표류를 준비해봅시다. 여건이 된다면 가능한 한 자주 천막을 열어 뗏목 안을 환기하고, 기온이 높은 상황에선 천막 외부에 바닷물을 뿌려 천막 안쪽의 온도가 떨어지게 합니다. 덥다고 옷을 벗어서 맨살을 드러내는 건 금물! 대신 옷을 바닷물에 적셔 더위를 식히고 땀이 나는 걸 방지하세요. 장기 표류 시에는 수분과 체온 보존이 가장 중요하니까요.

6. 물과 식량이 다 떨어지면?

망망대해 위에서 일주일이 지났습니다.

"배에 들어 있던 물과 식량도 다 먹어버렸는데… 어쩌지?"

괜찮습니다. 혹시 운 좋게 비가 온다면 천막이나 바가지를 이용해 물을 모을 수 있어요. 이때 천막과 바가지는 빗물에 한 번 씻어 소금기를 꼭 없애주세요! 그런데 만약 비도 오지 않고 식수도 떨어졌을 땐 어떻게 물을 구할까요? 그냥 죽을 순 없잖아요?

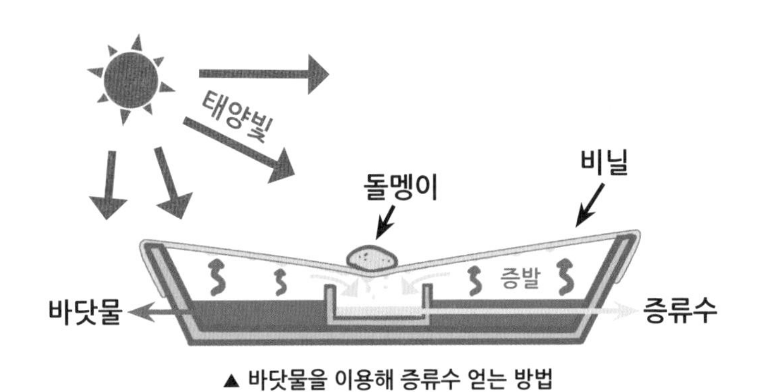

▲ 바닷물을 이용해 증류수 얻는 방법

걱정하지 마세요! 비닐과 바닷물을 이용해 소량의 증류수를 얻을 수 있습니다. 먼저 넓은 바가지에 바닷물을 받은 후 그 가운데 증류수를 받을 오목한 그릇을 올려주세요. 이때 그릇에 바닷물이 들어가지 않도록 바가지 속의 수위를 조절합니다. 그다음 바가지 위를 비닐로 덮고, 그릇에 물이 떨어질 수 있도록 그릇 바로 위에 무거운 것을 얹어 두면 끝!

그렇게 아주 아주, 아~주 오랜 시간이 지나면 증발한 물이 비닐의 경사면을 타고 그릇에 떨어질 겁니다. 이렇게 당신은 소량의 물을 얻을 수 있습니다. 그냥 비가 오길 비는 게 빠르겠네요.

이번에는 식량을 구해보죠. 식량이 다 떨어졌다면 물고기와 새를 잡아 날것으로 드세요. 반드시 날것으로 드셔야 합니다! 보트 위에서 불을 피우기도 힘들겠지만, 만약 성공한다 해도 날고기를 익히는 건 최악의 일입니다. 열이 고기 속의 비타민C를 파괴할 테니까요. 비타민C가 부족해진 당신은 결국 괴혈병에 걸려 삼도천을 건너고 말 겁니다.

그런데 잠깐! 만약 물이 부족한 상태라면, 음식을 먹는 건 자제하는 게 좋습니다. 음식 섭취는 체내 수분을 소모하게 하거든요. 수분 소모보다는 굶는 게 생존에 더 유리합니다.

자, 오늘은 바다에 조난당했을 때 살아남는 방법을 과학적으로 정리해드렸는데요.

이 지식이 한순간의 재미로 끝나면 좋겠지만, 누군가 말했듯 인생은 예기치 못한 순간의 연속이죠. 절대로 오지 않았으면 좋을 그 순간이 만~약에 닥친다면, 여러분이 재미로 봤던 이 이야기가 머릿속에 번뜩 떠오르면 좋겠네요.

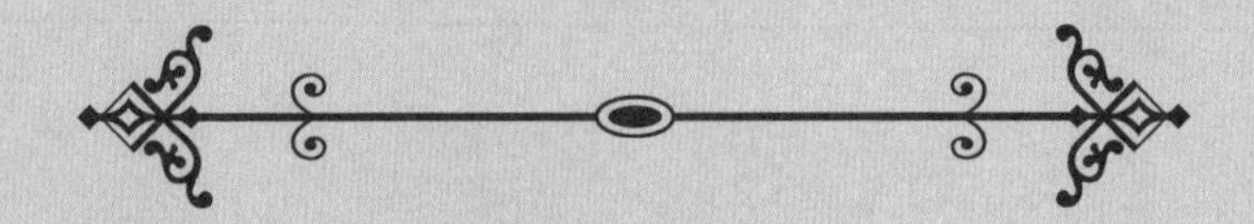

전문가들은 이런 지식에 더해 무엇보다 중요한 것으로 '포기하지 않는 긍정적인 마음가짐'을 꼽습니다. 근데, 될까요 그게…?

하지만 실제로 멕시코 어부 '알바렌가'는 '살아남을 수 있다!'라는 희망 하나로 거북과 새, 물고기를 잡아먹으며 무려 405일 동안 태평양을 표류하다가 살아 돌아왔습니다.

이런 끔찍한 상황이 닥치지 않는 게 최선이겠지만, 만약 바다에서 표류하게 된다면 지금까지 알려드린 지식으로 머리는 차갑게! 살 수 있다는 마음으로 가슴은 뜨겁게! 버텨보자고요.

* 이 꼭지는 영상으로 보시면 더 재미있어요.
유튜브 <떠먹여주는 과학>채널에서
영상으로도 만나보세요!

CHAPTER 4

이렇게? 재미있는 과학상상!

곧 한국인들도 무조건 먹어야 한다는 충격적인 음식

- 여기는 2080년, 지구

아침 열한 시. 당신은 출출함에 잠에서 깼습니다. 간만의 휴식이라 그런지 너무나 기분 좋고 여유롭군요. 얼른 브런치를 먹어야겠다는 생각에 냉장고를 열어 꺼내든 건…, 귀뚜라미 단백질 바와 식물성 달걀, 그리고 밀웜 볶음! 음식들을 식탁에 올려놓고 당신은 외칩니다.

"음~ 맛있겠다!"

어떤가요? 조금 충격적일지도 모르겠지만, 정말로 훗날 우리의 모습은 이럴 수도 있습니다.

다음 장에 나오는 그래프는 1798년 인구 통계학자인 토머스 맬서스(Thomas Robert Malthus)가 주장한 '곡물 생산/소비 변화 그래프'입니다.

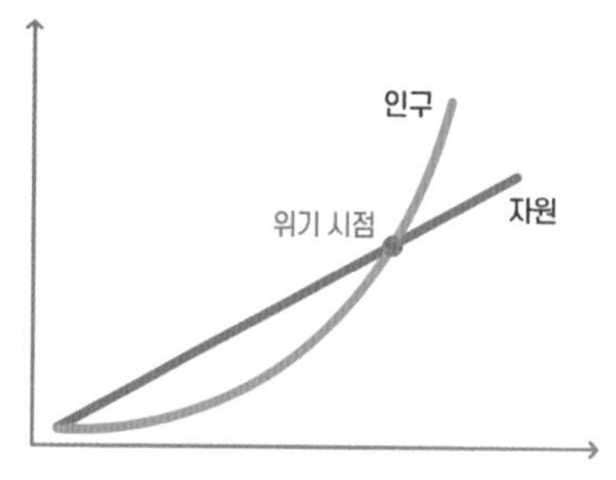

▲ 곡물 생산/소비 변화 그래프

시간이 지날수록 생산량보다 소비량이 더 커지는 게 확연히 보이죠? 토머스가 말하길 "인구의 자연증가는 기하급수적인 데 반해 식량의 생산은 산술급수적이라, 인간의 빈곤은 자연법칙의 결과"라고 했습니다.[1] 쉽게 말해 인구가 늘어나는 속도가 음식이 늘어나는 속도보다 훨씬 더 빠르기 때문에 인류는 곧 위기 시점을 맞이하게 될 거고, 그 위기를 극복하지 못하면 굶게 된다는 거죠.

토머스의 주장은 많은 사람을 근심에 빠트렸습니다. 그러나 때마침 등장한 슈퍼 히어로 덕분에 인류는 오늘날까지 살아남을 수 있었죠. 기근으로부터 전세계인을 구한 영웅의 정체는 바로바로…,

▲ 노먼 볼로그(1914~2009)

'녹색혁명의 아버지'라고 불리는 미국의 농학자 노먼 볼로그(Norman E. Borlaug)입니다! 그가 밀 품종 개량에 성공한 덕분에 1960년대 이후 밀 생산량은 무려 6배 가까이 뛰었습니다. 이후 개발도상국에서 농작물을 대량 생산하면서 식량 부족에 직면했던 많은 국가가 살아남았고, 이렇게 풍족한 먹거리를 누릴 수 있게 되었죠.

---

1 〈An Essay on the Principle of Population(인구론)〉 / Thomas Malthus / 1798

식량 생산으로 인류에 공헌한 공로를 인정받아 볼로그는 노벨 평화상까지 받았는데요. 크으, 과학이 또 이렇게 평화를 지키네요! 제가 다 뿌듯합니다!

"아까 그 토머스란 사람, 그래프까지 그려가며 어렵게 말하길래 똑똑한 줄 알았더니 틀렸네? 진짜 다행이다!"

아뇨! 토머스 말이 틀린 건 아닙니다. 녹색 혁명 덕에 그 시기가 늦춰졌을 뿐, 사실 우리는 이미 상당히 위험한 상황이랍니다. 지금부터 '인간이 조만간 굶어 죽게 생긴 이유'를 하나씩 파헤쳐보도록 하죠.

첫 번째 이유, 기후변화

이산화탄소를 포함한 각종 온실가스는 지구온난화를 부릅니다. 그리고 지구온난화는 기후변화를 부르죠. 그리고 지구온난화와 기후변화는 농업에 아주아주 치명적입니다.

먼저 지구온난화가 농업에 미치는 영향부터 살펴볼까요? 지구온난화는 땅을 지글지글 끓어오르게 하는데요. 너무 뜨거운 땅에서는 쌀도, 밀도, 감자와 고구마도, 옥수수도 자랄 수 없습니다. 우리 인간들도 엄청나게 높은 온도에서는 죽을 수 있죠? 식물의 씨앗도 마찬가지입니다. 극도로 높은 온도에서는 단백질 변화로 인해 생장이 크게 억제됩니다.

그럼 기후변화가 농업에 미치는 영향은 어떨까요? 미국 스탠퍼드대 연구진에 따르면 지구의 기온이 지금처럼 계속 오른다면 강수량이 극한으로 치달을 거라고 하네요.[2] 어떤 지역에서는 건조한 가뭄이 이어지고, 반대로 다른 지역에서는 위험한 홍수가 퍼부을 거라는 거죠. 이렇게 이상기후가 반복되면 역시 농작물의 성장을 방해하게 됩니다.

한편, 아이러니하게도 현재의 농업 방식은 지구 온난화의 주범인 이산화탄소를 내뿜는 '화석 연료'에 기반을 두고 있는데요. 이렇게 말하면 와닿지 않으실 테니 시원하고 맛있는 수박이 우리 식탁에 오르기까지 어떤 과정을 거치는지 살펴보죠.

먼저 농부가 농기계를 사용해 밭을 일구고 수박을 심습니다. 이때, 기계를 가동하기 위해 화석연료인 석유를 사용합니다. 이산화탄소를 잔뜩 내뿜으며 수박을 다 심고 나면, 무럭무럭 자라라고 비료를 주고 농약을 칩니다. 그런데 이 비료와 농약에도 석유에서 추출한 성분이 들어갑니다.

아직 끝나지 않았습니다. 비를 많이 맞아 수박의 당도가 떨어지지 않도록, 수박을 지켜줄 비닐을 꼼꼼히 씌워줘야죠. 그런데 이 '비닐'도 석유화학 제품인 PP, PE로 만듭니다.

그렇게 석유와 비닐…, 아, 아니, 피땀 흘려 수박을 무럭무럭 키워냈습니다. 이제 유통업자들이 맛있는 수박을 우리 집 앞 마트까지 운반합니다. 이때도 화석 연료인 석유를 사용하죠.

---

2 The climate of health / Woods Institute for the Environment / Standford University / 2019.03

수박 한 통 먹는 데 이렇게 많은 화석연료가 사용될 줄은 상상도 못 했죠? 살기 위해선 먹어야 하고 그래서 농사를 지은 건데, 그 농사 과정이 우리를 굶어 죽을 위기로 몰아가고 있다니 한숨이 나옵니다. 그런데 우리가 굶어 죽을 수도 있는 이유, 이게 끝이 아니라네요?

두 번째 이유, 농경지의 감소

매일 출퇴근길이면 생각합니다. '아니, 세상 사람 다 여기 왔나….' 도로를 빽빽하게 메운 수많은 차! 대중교통을 이용하더라도 마찬가지죠. 콩나물시루처럼 옆 사람과 딱 붙어 서서 이동해야 합니다.

우리나라 인구의 5분의 1은 서울에 몰려 있습니다. 우리나라뿐 아니라 전 세계 어딜 가나 인구가 몇 개 도시에 집중되어 있는데요. 이 말은 즉? 농촌에는 사람이 없다는 거죠.

혹시 지금 농업에 종사하고 계신 분이 있으시다면 손 들어보세요! 책장 너머 몇 분이나 손을 드셨을지 알 수 없지만, 옛날에 비해 엄청나게 적은 수일 거라는 건 안 봐도 비디오입니다. 한때는 옆집 순이네는 감자 농사, 뒷집 철수네는 고구마 농사를 짓던 시절이 있었습니다. 하지만 지금은 수많은 사람이 도시로 올라와 책상 앞에서 일합니다. 도시로 올라오지 않고 농촌에 남아 있는 사람일지라도 그들이 모두 농사를 짓는 농부라고 보기는 힘들죠.

한마디로 농사지을 사람도, 땅도 없는 상황. 이대로라면 굶어 죽는 것도 당연하네요.

세 번째 이유, 육류 소비량의 급증

"기분이 저기압일 땐, 고기 앞으로 가라!"라는 말장난이 있을 만큼 우리는 고기를 너무너무 사랑합니다. 그런데 말이죠 여러분, 앞서 말한 '지구 온난화의 가속화'와 '농경지 감소'의 주원인 중 하나가 바로 축산업이란 거 알고 계셨나요?

전 세계의 소, 돼지, 닭, 오리를 모두 합치면? 약 280억 마리! 이 어마무시한 양의 가축들이 전 세계 메탄가스의 무려 37%를 만들어내고 있습니다.[3]

특히나 소에서 배출되는 메탄가스는 다른 가축에 비해 20배나 높은 수준인데요. 소는 놀랍게도 승용차보다 더 많은 온실가스를 배출합니다. 승용차 한 대가 1년에 온실가스를 2.5t 내뿜는데, 소 한 마리는 그 1.5배인 무려 4t을 내뿜죠. 소들이 방귀를 뀌고 트림을 할 때마다 환경이 파괴되고 있는 겁니다. 왜 그럴까요?

그 이유는 소나 양, 염소 같은 가축들이 반추동물이기 때문입니다. 인간을 포함한 다른 동물들은 장에서만 메탄가스가 발생합니다. 하지만 위를 4~5개씩 가진 반추동물은 위에서도 메탄가스를 잔뜩 만들어내죠. 이렇게 위에서 나오는 메탄가스의 양은 장에서 발생하는 것보다 무려 20배나 많답니다.

한편, 육식은 인간을 굶어 죽게 만드는 또 다른 이유이기도 합니다.

---

3 Livestock and climate change: impact of livestock on climate and mitigation strategies / Giampiero Grossi / Animal Frontiers / 2018.11

가축들이 풀과 곡식을 어마어마하게 먹어 치우기 때문이죠. 닭고기 1kg를 생산하는 데 필요한 옥수수가 2~3kg. 돼지고기 1kg당 필요한 곡물 사료는 4~5kg. 소고기 1kg에 필요한 곡물 사료의 양은 무려 10kg라고 하는데요! 우리 먹기에도 부족한 곡식을 가축들에게 전부 쏟아부어야 할 판입니다.

옛날에는 정말 '살기 위해' 먹었습니다. 할머니 얘기를 들어보면, 한창 힘들 때는 나무껍질을 벗겨 먹기도 했다고 하죠. 그런데 요즘은 어떤가요? 우리는 '생존을 위해서'가 아니라 '맛을 즐기기 위해' 필요 이상으로 먹습니다.

그렇게 고기의 수요가 늘고, 수요가 많으니 공급도 늘고, 공급이 느니 가축의 수도 늘고, 더 많은 소가 더 많은 곡식을 냠냠 먹어버리고, 방귀를 뿡뿡 뀌어대서 온실가스 배출량도 늘어나는… 엄청난 연결고리가 완성된 겁니다.

그런데 여러분.

여기까지 듣고 나니 답답하지 않나요? 아니, 식물을 먹어도 화석연료 사용해서 안 돼, 동물을 먹어도 온실가스 배출돼서 안 돼. 그럼 도대체 뭘 먹으라는 걸까요?

다행히 과학자들이 우리가 맛있게, 또 많이 먹어도 환경에 문제가 없는 음식을 지금 이 순간에도 연구 개발 중입니다.

맛과 영양, 그리고 환경까지 챙길 수 있는 미래 식량을 소개합니다!

배양육

배양육은 '가축의 세포를 길러' 얻는 고기입니다. 동물의 줄기세포를 추출해 배양하여 살코기를 얻으니, 육식하기 위해 살아 있는 생명을 빼앗지 않아도 되죠. 따라서 윤리적인 문제나 유전자 질환에 대한 우려도 적은 편입니다.

게다가 배양액 100L만 있으면 배양육 수십 kg를 얻을 수 있습니다. 엄청나게 효율적이죠? 세포가 뿡뿡 방귀를 뀔 리 없으니 메탄가스도 나오지 않고, 공간, 즉 땅도 많이 필요치 않은 데다가, 진짜 고기와 비교해봐도 꽤 맛있다고 합니다. 한번 먹어보고 싶네요!

식물성 달걀

"닭이 먼저냐 달걀이 먼저냐"라는 질문에 반은 이렇게 대답할 겁니다. "닭 없이 달걀을 어떻게 만들어? 닭이 먼저지!" 그런데 말이죠, 이제는 닭 없이도 달걀을 만들 수 있습니다! 과학기술의 발전이 정말 놀랍죠?

미국 푸드테크 기업 '저스트'에서 녹두를 주원료 삼아 식물성 달걀을 만들어버렸는데요. 녹두와 강황 등 열 개 정도의 재료를 혼합해 만든 이 달걀은 콜레스테롤이 없고 포화지방은 일반 달걀보다 66%나 적습니다. 도축이 필요 없는 건 물론이요, 닭을 통해 계란을 생산할 때보다 물도 훨씬 더 절약된다고 하는데요. 닭을 통해 계란 하나를 얻으려면 139L의 물이 필요하지만, 계란 하나 양인 저스트 에그 44mL를 만드는 데에는 고작 2.2L의 물만 있으면 된다고 합니다.

아직 대중화되지 않은 배양육과 달리 이 식물성 달걀은 이미 판매도 되고 있습니다. 인터넷에 검색하면 쉽게 구매 가능한데요. 스크램블도 되고, 라면에 넣어도 일반 달걀과 같은 맛이라고 하네요!

식용 곤충

말만 들어도 너무너무 징그러운 벌레! 하지만 여러분, 곤충은 말이죠…, 2013년 UN 식량농업기구에서 미래의 식량 문제 해결 방안으로 채택될 정도로 건강하고 깨끗한 천연 단백질원이랍니다! 품종에 따라 다소 차이는 있지만, 대체로 식용 곤충은 소고기보다 3배 더 많은 단백질을 가지고 있습니다. 심지어 혈중 콜레스테롤 농도를 낮추어 주는 불포화 지방산이 75%이상 들어 있어 몸에도 좋죠. 게다가 식용 곤충은 가축에 비해 더 쉽게 기를 수 있고, 배출되는 탄소의 양도 훨씬 적은 데다, 들어가는 사료 또한 소의 17%, 돼지의 32%정도 밖에 되지 않습니다. 1kg의 소고기를 얻기 위해서는 10kg의 사료가 필요하지만, 1kg의 곤충을 얻으려면 1.7kg의 사료면 충분하죠.

이게 끝이 아닙니다! 짧으면 3주, 길면 3개월이면 다 자라니 더 빠르게 공급할 수 있고, 땅과 물을 오염시키는 축산폐기물도 거의 나오지 않기 때문에 친환경적이죠. 곤충에 대한 혐오감만 걷어낸다면, 환경에도 좋고, 몸에도 좋은 최고의 식량자원이 될 거에요.

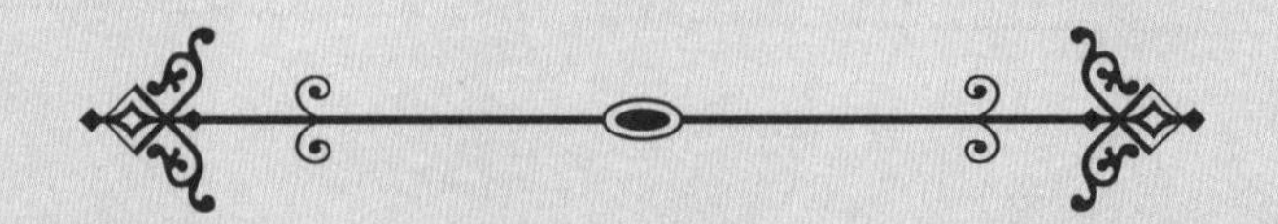

지금까지 소개드린 미래 식량 외에 편의점만 가도 볼 수 있는 물에 타 먹는 쉐이크나 간편하게 영양분을 섭취할 수 있는 프로틴바도 미래에는 더 많이 소비될 것으로 예측됩니다.

배양육이나 식물성 달걀은 그렇다 쳐도 식용 곤충이라니! 아직까지 많은 사람들이 미래 식품에 거부감을 느끼거나 생소하게 여기고 있는데요. 하지만 미래식량들이 상용화된다면 우리는 맛있는 걸 먹으면서도 환경을 보호할 수 있겠죠? 그렇게 된다면 지구와 그 위의 모든 생물들이 행복하게 오래오래 함께 살 수 있지 않을까요?

아직까진 곤충을 먹을 용기는 없지만… 뭐, 비주얼 문제만 해결된다면 또 모르죠. 어릴 때 먹던 번데기처럼 고소한 매력이 있을지도요!

한 달에 에너지 드링크 1000캔 마시면 어떻게 될까?

기말고사 전날 밤 벼락치기! 생각만 해도 하기 싫은 야근! 아니면 술 한잔할 때! 우리의 곁을 든든하게 지켜주는 친구가 있습니다. 바로 에너지 드링크죠.

그런데 만약 이 에너지 드링크를 한 달에 1,000캔 마시면… 도대체 어떤 일이 일어날까요? 한때 '붕붕드링크' 마시고 유체이탈했다는 후기가 있었는데, 유체이탈해 영영 못 돌아오진 않을까요? 아니면 머리가 너무 잘 돌아간 나머지 영화 <루시>처럼 인류를 초월한 존재가 되는 건 아닐까요?

지금으로부터 약 10년 전. 시험 기간이면 학생들 사이에서 유행했던 전설의 음료가 있습니다. 이름하여 '붕붕드링크'! 마시면 붕붕 날아다니는 것 같은 기분이 든다고 해서 이런 이름이 붙었죠. 당시만 해도 레**, 핫**, 몬** 등 고카페인 음료가 보편적이지 않아, 발등에 불 떨어진 학생들이 밤을 꼴딱 새우기 위해 고카페인 음료를 직접 제조해 먹었던 건데요.

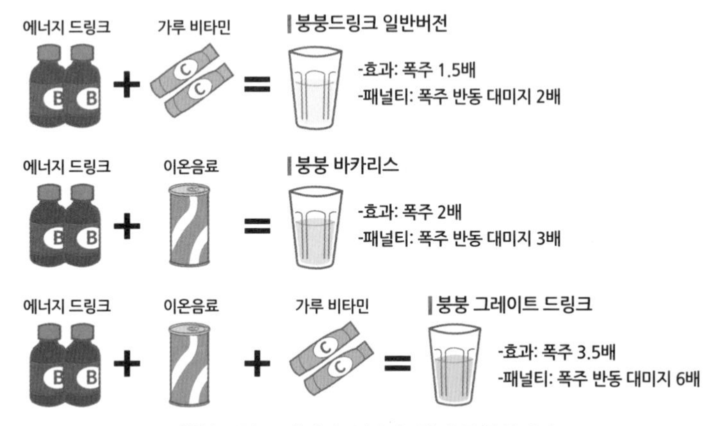

▲ 붕붕드링크 레시피, 남용은 절대 금물입니다!

레시피는 정말 간단합니다. 레** 3포에 박** 두 병, 그리고 포***** 한 캔만 잘 섞어주면 완성! 새콤한 비타민맛에 달고 시원한 이온음료가 들어갔으니 맛도 당연히 보장됐고요. 마시고 나면 괜히 머리가 잘 돌아가는 기분까지! 그래서 저도 시험 기간이면 친구들과 붕붕드링크 나눠 마시고 밤샘 공부를 하곤 했답니다.

하지만 하늘 아래 완벽한 것은 없나 봅니다. 붕붕드링크에게도 치명적인 단점이 있었거든요. 붕붕드링크를 마시고 두뇌 풀가동한 다음 날은 좀비 같은 상태가 되어 골골거려야 했습니다. 심지어 몇몇 친구들은 '붕붕드링크 마신 다음 날 유체이탈했다'라는 믿지 못할 후기까지 남기곤 했죠. 물론 과학적으로 증명된 바는 없지만요.

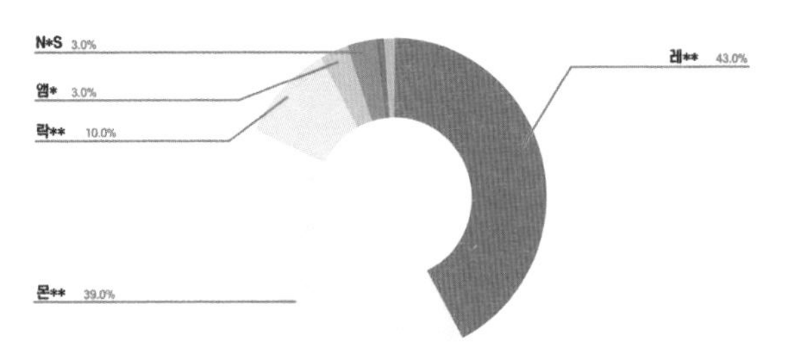

▲ 에너지 드링크 세계 시장 점유율

그런데 요즘은 이렇게 위험한 음료를 직접 만들어 먹을 필요가 없습니다. 편의점에 가면 손쉽게 고카페인 음료를 구할 수 있으니까요. 그중에서도 레**의 인기는 엄청납니다. 2020년 에너지 음료 시장에서 레**의 점유율은 무려 43%! 작년인 2020년에는 전 세계적으로 79억 캔이나 판매되었다고 하는데요. 지구촌 인구가 77억 명이니 정말 놀라운 수치죠.

아무 에너지 드링크나 상관없지만, 기왕이면 업계 1등으로 마셔보죠. 레**, 너로 정했다! 자~ 이제 1,000캔 한번 마셔 볼까요? 당연하지만 쉽지 않습니다. 철저하고 깐깐한 계획 없이는 불가능하죠. 일단 스케줄 정리부터 쫙 해봅시다.

한 달을 31일이라고 가정했을 때, 1,000 나누기 31을 하면 대략 32.25806이 나오죠. 하지만 반올림? 그런 거 없이 쿨하게 하루에 32캔으로 갑시다. 사람이 또 잠은 자야겠죠? 하루 24시간 중에서 대략 8시간을 잔다고 계산하면… 우리가 눈 떠 있는 시간은 16시간. 16시간 동안 32캔, 32 나누기 16은 2. 한 달 동안 천 캔 마시려면 적어도 1시간에 두 캔씩은 마셔줘야 가능하다는 계산이 나옵니다. 자, 이제 시작하죠.

<1시간째: 2캔 섭취>

먼저 한 시간에 두 캔. 원 샷! 투 샷! 마십니다. 하루에 한 캔만 마셔도 눈이 번쩍 뜨이는데, 무려 한 시간에 두 캔을 연달아 마셨더니 정신이 번쩍 듭니다. 에너지 드링크를 마시면 왜 이런 기분이 드는 걸까요?

우리 몸은 활동하며 피로가 쌓입니다. 이렇게 피로가 쌓이면 뇌에서 "이제 그만 쉬어!"하고 '아데노신'이라는 물질을 내뿜습니다. 아데노신이 아데노신 수용체와 결합하면 졸음이 몰려오며 우리는 쿨쿨 잠들게 되죠.

그런데 피곤하고 졸릴 때 이 에너지 드링크를 마시면 우리 몸속에 카페인이 들어오게 됩니다. 250mL짜리 레** 한 캔 속에는 62.5mg의 카페인이 들어 있는데요. 이 카페인은 위에서 설명해 드린 수면 유도 물질 '아데노신'의 전달을 방해합니다.

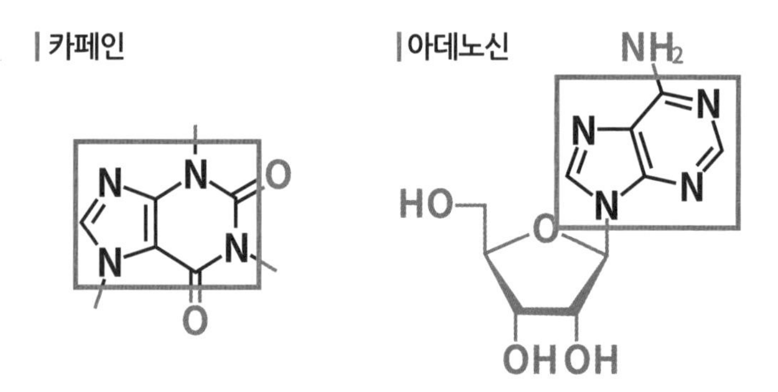

▲ 카페인과 아데노산의 분자 구조 비교

자, 왼쪽이 카페인. 오른쪽이 아데노신인데요.

카페인의 분자 모양이 아데노신 분자의 특정 부분과 똑 닮았죠? 문제는 카페인과 아데노신이 너무 닮은 나머지 아데노신 수용체가 누가 누구인지 헷갈린다는 겁니다. 결국 너무 헷갈린 나머지 몇몇 아데노신 수용체는 아데노신이 아니라 카페인과 결합해버립니다. 뇌에서 내뿜은 아데노신과 아데노신 수용체가 만나야 잠이 오는데, 아데노신 대신 카페인이 그 자리를 대신해버리니… 잠이 올 수가 없죠.

한편, 온몸을 노곤하게 만드는 아데노신과 달리 카페인은 혈관을 수축시키고 혈압을 높입니다. 한마디로 우리 몸을 긴장 상태로 만들죠. 게다가 카페인은 뇌에 "도파민 좀 더 뿜어봐!"하고 요청까지 하는데요. 이 도파민은 신경세포를 흥분시켜 우리를 의욕적으로 만들고 기억력과 인지력을 향상해줍니다. 덕분에 집중이 빡 되는 거죠.

그런데 이런 각성 효과가 오래갈까요? 정답은 역시 "불가능하다!" 마신 카페인의 양에 따라, 또 사람에 따라 차이가 있지만 보통 5시간이면 혈장 내의 카페인이 반으로 줄어듭니다. 그렇다면 카페인이 분해되기 전에 계속 마셔버리면 되잖아요? 설명하는 동안 한 시간이 지났네요. 또 두 캔 마셔보자고요. 이렇게 1,000캔까지 쭉쭉 가는 거예요!

<1일째: 32캔 섭취>

시간 맞춰 꼬박꼬박 두 캔씩, 무사히 총 32캔을 마셨습니다. 32캔을 마셨더니 역시 우려했던 일이 발생합니다. 침대에 누워 잠을 자도 잔 것 같지 않네요. 한마디로 겁나 피곤합니다. 2016년 고등학생을 대상으로 연구한 결과에 따르면, 고카페인 음료를 마시는 그룹은 상대적으로 수면시간 부족, 피로회복 불충분, 수면의 질 저하로 불면증까지 생길 수 있다고 하던데… 역시 그 말이 맞는 말이었네요. 이미 상당히 피곤하지만 한번 뱉은 말은 끝까지 지켜야죠. 에너지 드링크 쭉쭉, 쭉쭉 들이킵니다.

<2일째: 64캔 섭취>

무사히 둘째 날도 마쳤습니다. 이틀밖에 안 됐는데 벌써 짜증이 밀려오기 시작합니다. 하루에 8시간 자는 것으로 설정했지만 설정은 설정일 뿐. 체감은 잠 못 잔 지 무려 48시간째입니다. 무기력해지고 우울한 기분이 드는 것 같은데요. 그런데 정말 단순히 잠을 못 잔다고 우울해질 수 있는 걸까요?

네, 가능합니다. 수면이 부족하면 우울증을 예방하는 호르몬인 '세로토닌'이 나오지 않거든요. 세로토닌은 감정을 조절하는 역할을 하는데요. 지나치게 흥분된 상태나 심하게 우울한 상태를 다스려 평정심을 유지하게 해주죠. 이 세로토닌이 부족하면 우울감이 극대화되어 자살률이 높아진다는 주장도 계속 제기되고 있습니다.

그런데 그 와중에 또 배는 계속 고픕니다. 수면이 부족하면 식욕을 억제해주는 '렙틴' 호르몬은 줄어들고 대신 식욕을 폭발하게 하는 '그렐린' 호르몬이 나오기 때문이죠. 아… 배고픈데 뭐 먹을 힘도 없어요. 멍한 상태로 입에 계속 에너지 드링크를 집어넣습니다.

<3일째: 96캔 섭취>

"아니…! 이게 뭐야?" 잠도 못 자서 우울한데 살까지 쪘습니다. 늘어나는 뱃살이 의심스러워 체중계에 올라가봤더니 충격적인 숫자가 나왔어요! 3일 만에 이만큼 쪘다고요? 사실 에너지 드링크 말고 뭘 따로 먹진 않았거든요. 물(에너지 드링크)만 마셨는데 살이 찌다니! 저 지금 김떠과만큼이나 억울해요!

간혹 다이어트를 위해 식사를 음료로 대체하는 분들이 있을 텐데요. 고카페인 음료는 피하는 게 좋습니다. 당분이 상당히 많이 들었거든요. 레** 한 캔 250mL에는 27g의 당이 들어 있습니다. 이건 코카콜라 250mL랑 거의 맞먹는 수준이죠. 잘 와 닿지 않는다고요? 참고로 스니커즈 초콜릿 바 한 개에는 26g의 당이 들어 있는데요. 하루에 32잔이면 스니커즈 초콜릿 바를 32개 먹는 거나 다름없습니다. 다이어트할 때 초콜릿 바 1개만 먹어도 PT 선생님께 혼나는데 32개를 먹은 꼴이라니… 충격에 눈물만 삼킵니다.

<5일째: 160캔 섭취>

아무래도 우울증에 걸린 것 같습니다. 어제보다 오늘이 더 심각해요. 수면 부족이 자살률을 증가시킨다는 소리에 콧방귀만 뀌었는데 사실인가 봅니다. 사실 지금 현실인지 꿈인지 구별도 안 되는데요. 이제 고작 5일밖에 지나지 않았다고 합니다. 앞으로 25일이나 더 남았는데… 눈앞이 캄캄합니다. 그래도 약속은 지킨다! 이미 정신은 오락가락. 시간 맞춰 먹기도 힘들 것 같아서 링거 맞듯 마시려고 입에다 호스 연결을 시도합니다.

<1주일째: 224캔 섭취>

드디어 일주일이 지났습니다! 이틀 전에는 눈앞이 캄캄한 기분이었죠. 이제는 진짜로 눈앞이 캄캄합니다. 머리까지 욱신거리는데요. 실제로 고카페인 음료를 과다 섭취할 경우 시력 저하를 유발할 수 있다고 합니다.[1]

북아일랜드에 거주하는 한 여성은 매일 에너지 드링크 28캔을 섭취한 결과 '특발성 두개골 내부 긴장 항진(Idiopathic intracranial hypertension)' 진단을 받았습니다.[2] 이는 두개골 내에 비정상적으로 높은 압력이 생기는 증상인데요. 머리가 심하게 욱신거리고 시신경이 부어 시력에도 변화가 생긴다고 하죠. 아… 저도 시야가 흐릿한 기분입니다.

<2주일째: 448캔 섭취, 사망>

사망? 네, 사망입니다. 한 달 동안 천 캔은 무슨…, 2주 만에 사람이 죽고 마는데요. 사망 원인은 다름 아닌 심장 마비. 정확한 사인은 '카페인 과다 섭취'입니다.

2007년 식약처는 성인의 카페인 하루 최대 권장량을 400mg이라고 발표했습니다. 레** 한 캔에 들어 있는 카페인은 62.5mg. 그런데 한 달에 천 캔 마시겠다고 하루에 32잔을 마셨으니, 매일매일 2,000mg을 섭취한 꼴입니다. 무려 권장량의 5배를 2주간 꼬박꼬박 마셨던 거죠.

영국의 한 여성은 4년 동안 에너지 드링크를 매일 20잔 마신 탓에 간이 크게 망가져 응급실까지 실려 갔다는데요. 간 손상 원인은 에너지 드링크에 들어 있는 당분과 카페인이라고 합니다.

그녀가 건강에 이상을 느낀 후 레**을 처음 끊으려고 했을 때는 아

---

1 The Study of Influence to the Vision Function by High Caffeinated Energy Drinks / 이경훈 / 대한시과학회지 / 2014

2 Jobless 26-stone mother is going blind after drinking 28 cans of Red Bull energy drink every day / Germma Mullin / Mail Online / 2015.08

주 힘들었다고 하죠. 카페인에 중독돼 마시고 싶어서 캔을 자꾸 만지작거렸다고 합니다. 다행히도 그녀는 굳은 의지로 에너지 드링크를 끊었습니다. 간도 정상으로 돌아왔죠. 완치되는 데 걸린 기간은 **무려 7개월!** 하루에 20캔 마셔서 간이 망가졌으니, 하루에 32캔씩 2주면 죽고도 남을 양이죠.

한 달에 에너지 드링크 1,000캔 마시기 도전은 결국 실패했습니다. 이 글을 보고 '나도 한 번 해 봐?'라는 호기심이 든 분은 없으시길 바랍니다. 목숨이 소중하다면 절대 따라 하지 마세요!

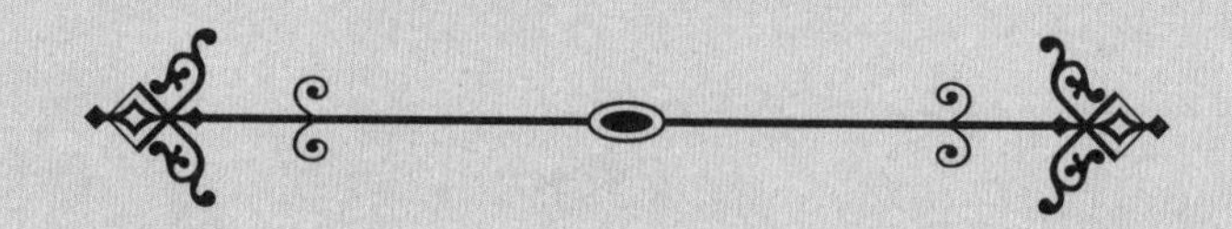

이렇게 극단적으로 마시면 뭔들 안 위험하겠느냐마는, 고카페인 음료를 자주 마시는 것은 더욱 더 좋지 않습니다.

사람들이 이렇게 열심히 에너지 드링크를 마시는 이유. 맛있어서 먹는다기보단 자신의 미래를 위해 마시는 경우가 많죠?

그런데 여러분. 이렇게 미래, 미래 하면서 매일매일 섭취하면… 정말로 저승사자랑 일찍 하이파이브할 수도 있습니다. 하루에 2잔씩 꼬박꼬박 마시는 것 역시 위험하다는 사실을 인지하셨으면 해요. 내 몸 생각하면서 뭐든지 적당히! 쉬엄쉬엄 하자고요.

지중해를 말려버리면 생기는 일

여러분! 우리나라에 **'죽음의 호수'**가 있다는 거, 알고 계셨나요?

이 사진을 함께 살펴볼까요?

방조제를 경계로 청록빛 에메랄드색의 바다와, 남색에 가까운 호수의 대조가 보이시죠? '죽음의 호수'라고도 불렸던 이곳은 경기도 시흥시, 안산시, 화성시에 걸쳐져 있는 시화호입니다. 한때 수십만 마리의

물고기가 떼죽음을 당하는 충격적인 일이 벌어져 전 국민을 놀라게 했던 곳이죠.

우리나라는 아주 작습니다. 옆 나라 중국, 러시아와 비교해보면 '어떻게 요만한 곳에 이 많은 사람이 살까?' 싶은데요. 그래서 1960년대부터 1990년대까지 땅을 조금이라도 넓혀보고자 호수나 바닷가를 둘러막고 물을 빼내어 땅을 만드는 '간척사업'을 많이 진행했답니다.

시화호는 간척지에 조성될 농지나 산업단지에 물을 공급하기 위해 인공적으로 만든 호수였는데요. 계획과 달리 생활하수와 공장 폐수가 흘러들어 끔찍할 정도로 오염된 탓에 어떤 용도로도 쓰이지 못했습니다. 다행히 20년이 흐른 지금은 다시 건강한 생태계를 되찾아 '생명의 호수'로 부활하긴 했지만요.

시화호 오염 사례와 같은 환경문제가 발생하면서 최근에는 자연환경을 그대로 보존할 것인지, 아니면 개발할 것인지 논의가 뜨거워졌는데요. 과거에는 요즘처럼 환경에 대해 신경 쓰지 않아 그야말로 통통 튀는 아이디어가 많았답니다.

바로, 클라쓰가 남다른 '아틀란트로파 프로젝트'가 대표적인 예입니다. **'지중해를 말려 육지로 만들자'**는 계획인데요. 이 미친 아이디어는 벌써 100년 전인 1920년대 독일의 건축가 헤르만 죄르겔(Hermann Sörgel)이 제안했습니다.

"인구 늘어나고 먹을 게 없다고?
그럼 땅을 만들면 되잖아?"

마리 앙투아네트가 이마를 탁 치고 갈 이 아이디어는 당시엔 꽤 획기적인 계획으로 주목받았습니다.

◀ 헤르만 죄르겔(1885~1952)

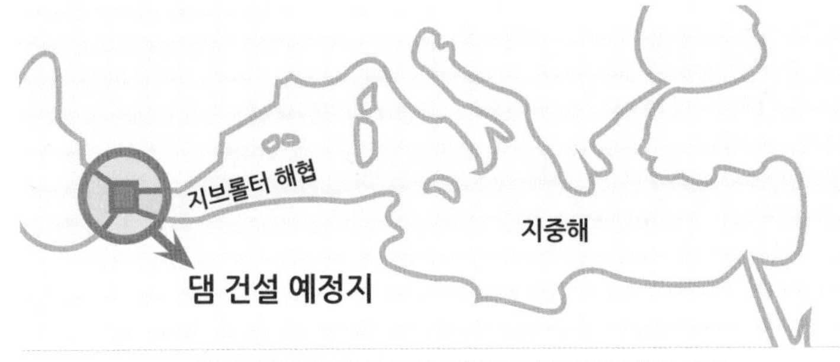

▲ 헤르만 죄르겔이 주창한 아틀란트로파 프로젝트 개요

그의 제안은 지중해와 바다가 만나는 입구, 지브롤터 해협에 위의 그림처럼 둑이나 댐을 건설하자는 거였는데요. 내해의 입구를 막아 호수처럼 만든 다음 물을 빼면, 바다에 흙을 넣어 육지를 만드는 것보다 훨씬 쉽고 싸게 간척지를 만들 수 있다는 얘기였죠.

1920년대는 유럽 인구는 늘어나는데 식량을 생산할 농지는 부족한 상황이었습니다. 전전 꼭지에서 '녹색 혁명'에 대해 얘기했던 거 기억나세요? 식량 생산량을 폭발적으로 늘려준 녹색 혁명은 1960년대가 되어서야 일어납니다. 즉, 1920년대에는 식량은 부족한데 해결책도 딱히 없었다는 거예요.

여러분, 지금 인터넷에 접속해 '세계지도'를 한번 검색해보세요. 지도에서 보면 지중해는 아주 작습니다. 넓고 넓은 오대양과 비교하면 정말 코딱지만 하죠. 그런데 사실 지중해의 면적은 서울 전체 면적의 반이나 됩니다. 표면적만 296km^2가 넘고 평균 수심은 1,458m, 최대수심은 4,404m에 이르죠. 이렇게 들으니 넓죠?

그래서 많은 이들이 이 생각을 환영했습니다.

'어? 들어보니 괜찮은데? 돈과 인력이 어마어마하게 많이 들긴 하겠지만 유럽 국가들이 나눠 내면 부담없을 것 같고… 이 넓은 바다가 다 땅이 되면 농작물도 심고, 건물도 짓고! 야, 이거 완전 창조경제네!' 라고요. 그러나 한창이던 전쟁으로 돈도 없고, 지중해를 고립시킬 만큼의 콘크리트도 구할 수 없어 흐지부지 끝나게 됩니다.

그런데 말입니다.

인구가 엄청나게 늘어나고 전쟁도 없어 충분한 물자가 있는 현재. 이 계획을 진행하면… 어떨까요?

안타깝지만 그 생각은 고이 접어 넣어두는 게 좋습니다. 우리는 시화호를 통해 멀쩡한 바다를 막으면 어떤 헬게이트가 열리는지 이미 경험했잖아요! 지중해를 막아도 마찬가지로 끔찍한 일이 벌어질 확률이 높답니다.

지중해는 염도가 높은 내해입니다. 따라서 물이 사라지면 무시무시한 소금 사막이 형성되기 쉽죠.[1] 서울의 반만 한 거대한 내해를 막아 넓은 평지가 생긴다 한들 그게 소금사막이라면요? 식물을 키울 수도 없고, 인간이 살기에도 척박한 환경이겠죠.

한편, 지중해는 사시사철 따뜻해 이탈리아, 그리스 등 주변 나라에 살기 좋은 환경을 만들어주고 있는데요. 만약 소금사막으로 흑화해버린다면, 주위 지역까지 사막화에 끌어들이고 말 겁니다. 그러면 아름다운 도시들이 모두 제2의 이집트가 되어버릴 거예요. 유럽 한복판에 지구 최악의 대사막이 생기는 거죠.

문제는 여기서 끝이 아닙니다.

지중해에서 퍼낸 물은 대체 어디로 가야 할까요? 주변 바다로 물을 퍼내면 된다고요? 깊고 깊은 지중해의 물을 다 퍼내면 해수면은 약 10m 상승하게 됩니다. 덕분에 로스앤젤레스, 상하이, 방글라데시 등 여러 국가가 바다로 가라앉게 되겠네요. 한 곳은 사막화, 한 곳은 수몰. 아주 난리 났네요!

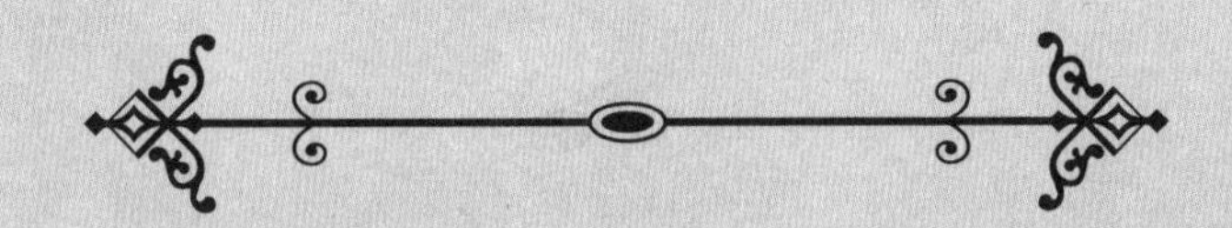

헤르만 죄르겔은 세상을 떠나기 전까지 약 30년 동안 '지중해를 땅으로 만들어서 유럽 농지를 확보하자!'는 계획을 목이 터져라 부르짖었는데요. 당시 기술력의 한계와 전쟁 덕분에 시행하지 못하다가 시간이 흐른 뒤 미친 계획이었다는 걸 알게 되어 추억 속으로 잊히게 되었죠.

와, 이게 바로 전화위복인가요? 이럴 때 보면, 우리는 지구에 주어진 것만 고대~로 가지고 사는 게 정신건강에 좋을 것 같다는 생각이 듭니다!

잘못 고르면 죽음뿐…
어떤 버섯이 독버섯일까?

…어제 과음을 했나봅니다. 눈을 떠보니 웬 숲속에 있네요…?

"윽! 배… 배가!"
(꼬르륵)

너무나 리얼한 배고픔. 꿈은 아닌 것 같습니다.
"안 되겠어. 뭐라도 먹어야지."

바닥을 내려다보니 다양한 버섯들이 있습니다. 마트에서 느타리, 팽이, 표고버섯은 봤지만 이건 처음 보는 것들인데요?

"음…, 어떻게 하지?"

● ● ●

보이는 대로 따서 모아보니 버섯은 4종류. 야생버섯은 독이 있을지도 모르니 함부로 따먹지 말라고 했는데…. 이 깊은 첩첩산중에 먹을 거라곤 버섯뿐입니다. 먹어도 될까요?

(꼬르륵) "조…, 조금만 먹으면 괜찮지 않을까?!"

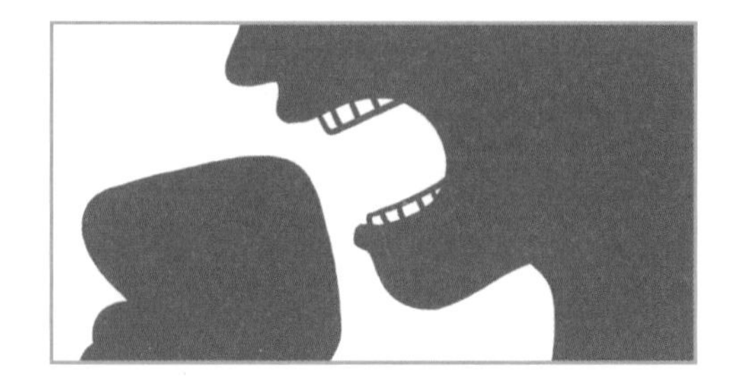

겉모습이 수수한 버섯은 먹어도 된다는 말을 들었던 것 같습니다. 표고버섯같이 생기고, 색도 무난하니 괜찮지 않을까요? 눈 딱 감고 버섯을 입에 넣었습니다. 그리고 저는… …*(꽥꼬닥!)*…

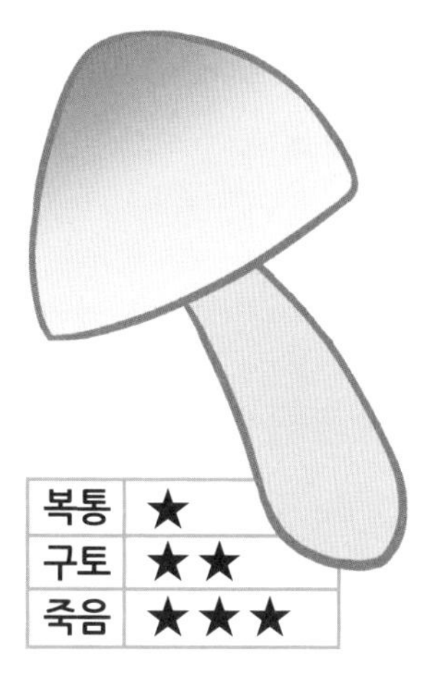

A. 데스캡버섯

"당신이 배고픔에 눈이 멀어 먹은 것은 데스캡버섯입니다. 세상에서 가장 무서운 독버섯이죠. 이 버섯을 먹으면 '아마톡신'이라는 균이 온몸에 퍼집니다. 섭취한 후 6~12시간이 지나면 복통이나 구토가 발생하죠. 눈에 보이는 증상은 조금 있으면 사라지지만, 데스캡의 독성은 여기서 끝이 아닙니다. DNA를 주형으로 RNA를 합성하는 효소인 RNA 중합 효소 II(RNA polymerase II)를 억제하여 세포의 단백질 합성을 막아 죽음에 이르게 하죠. 다시 선택할 기회를 드리겠습니다."

방금 뭐죠?! 미지의 존재가 제게 말을 걸었던 것 같은데요. 혹시 제가 저세상 문턱에 잠깐 다녀온 걸까요? 눈을 뜨니 손에 멀쩡한 데스캡버섯이 있었습니다. 무해하게 생겨선 무시무시한 독을 품고 있다니… 저 멀리 던져버렸어요! 두려움이 몰려왔지만, 살았다는 안도감에 배는 다시 요동칩니다.

"겉모습으로 독버섯을 구분할 수 있다는 건 다 속설이었구나.
그… 그럼 이걸로?"

왠지 낯익은 화려한 버섯이네요. 그러고 보니 세로로 찢어지면 먹어도 되는 식용버섯이고, 찢어지지 않고 부서지면 독버섯이라는 말을 들었던 것 같아요. 한번 찢어볼까요? 주욱 주욱 잘 찢깁니다. 먹어도 되나 봐요! 냠냠, 이거 꽤 맛있네요. 향이 참 좋아요.

그런데 내가 이 버섯을 어디서 봤더라? 게임? 동화책에서도 본 것 같은데…. 어? 그런데 말하는 동안 버섯이 엄청나게 커지지 않았나요? 어어? 순식간에 집채만큼 커져버렸습니다. 아니, 내가 작아진 건가? 뭔가 해롱해롱한 기분이 드네요.

환각	★
뇌손상	★★
죽음	★★★

B. 광대버섯

"아까와는 반대로 화려한 버섯을 골랐네요? 마리오가 먹는 버섯이라 안전하다고 생각했나보죠? 당신이 먹은 버섯은 광대버섯으로 중추신경에 작용하는 '무시몰'과 '이보텐산'이라는 강한 독 성분이 들어 있습니다. 섭취 후 약 1시간이 지나면 환각 증상이 일어나 주변의 사물 크기가 제멋대로 커졌다 작아졌다 하고, 이상한 소리가 들리며, 시간 감각까지 사라지죠. 게다가 광대버섯 속 이보텐산은 환각 성분은 물론 독성을 가지고 있습니다. 이 독성은 뇌에 손상을 입혀 당신이 죽는 건 시간문제입니다. 다시 선택할 기회를 드리죠."

"하…, 이제 기억났다.
≪이상한 나라의 앨리스≫ 삽화에서 봤던 바로 그 버섯이었구나."

잘 찢어지면 먹어도 된다는 말도 낭설이었네요. 아무튼 두 번이나 죽다 살아나니 오기가 생깁니다. 반드시 일반 버섯을 찾아내 생존하고 말겠어요!

"흠…, 남은 것 중에는 이게 가장 무난하게 생긴 것 같은데? 먹어보자!"

… *(깩꼬닥!)* …

알콜중독	★
간손상	★★
위험	★★★

C. 두엄먹물버섯

"당신, 어제 술 먹었던 거 잊었어요? 두엄먹물버섯에는 알코올과 만나면 반응하는 독성 '코프린'이 들어있습니다. 코프린은 알코올 분해과정 중 생성되는 '아세트알데하이드'를 축적해 간에 손상을 입힙니다. 술과 함께 먹으면 15분 안에 심장이 불규칙하게 뛰고, 식은땀이 나며, 팔다리가 무겁고 따끔거리죠. 뭐, 먹는다고 바로 죽는 건 아니지만 이런 숲속에서 혼자 앓아누웠다간 저세상행이겠죠? 아직도 더 배워야겠군요."

살려주는 건 고마운데, 저 버릇없는 말투가 너무 짜증납니다. 아니, 저 사람 대체 누구야?!

"뭐, 하나 남았으니 이게 진짜 먹어도 되는 버섯이겠지.
그럼 이번엔 이거닷!"

… *(깩꼬닥!)* …

D 마귀곰보버섯

위장손상	★
신경손상	★★
죽음	★★★

"이렇게 생겼는데도 먹어버리다니, 그 먹성 대단하네요. 마귀곰보버섯은 '지로미트린'이라는 독성물질을 가지고 있습니다. 지로미트린은 우리 몸속에서 모노메틸하이드라진(MMH)으로 분해되는데요. 삶아서 독을 우려내면 식용할 수 있지만, 당신처럼 생으로 먹어버리면 위장관과 신경계에 치명적이죠. 일반적으로는 구토나 설사, 어지럼증 등을 일으키지만 심한 경우 혼수나 발작 등 치명적인 중독 증세를 일으키기도 합니다. 의식은 물론 중추신경계 중독 증상에 당신은… …"

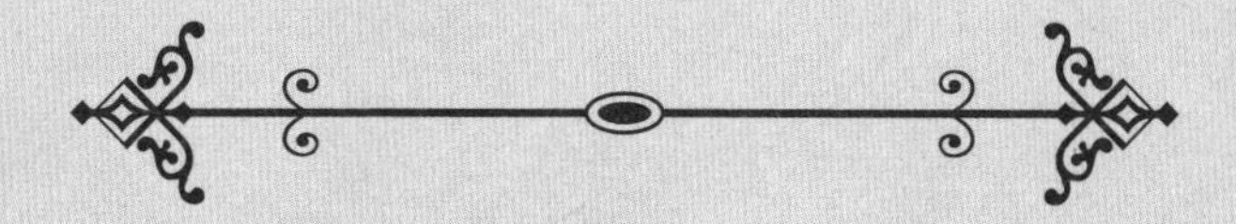

"…뭐야, 네 개 다 독버섯이잖아?
산속에 안전한 버섯 따윈 없는 거냐고…."

정신이 아득해집니다.
그 와중에도 뭔지 모를 누군가의 잔소리는 끊이지 않네요.

"목숨이 아깝다면, 모르는 버섯은 함부로 따 먹지 말라고요."

* 이 꼭지는 영상으로 보시면 더 재미있어요.
유튜브 <떠먹여주는 과학>채널에서
영상으로도 만나보세요!

100만 년 전 지구에서 보내는 하루

축하합니다!

<떠먹여주는 과학> 유튜브 채널을 구독해주시고, 책까지 구매해주신 여러분! 깜짝 이벤트에 당첨되셨습니다! 감사한 마음을 담아 **'100만 년 전 지구'**에서 하루를 보낼 수 있는 기회를 드립니다.

네, 당연히 모든 비용은 공짜입니다.

여러분께서 지불할 것은 단지 찰나의 시간뿐. 다만, 딱 한 가지 여러분께서 주의하실 부분이 있는데요. 여행이 끝날 때까지 여러분의 목이 여전히 그 자리에 붙어 있을지는 보장할 수 없다는 겁니다. 같은 인간도 무자비하게 잡아먹는 사람들, 그리고 2,000kg이 넘는 초거대 나무늘보를 마주치고도 살아남을 자신이 있는 분들만 따라오세요.

자, 그럼 바로 이동하겠습니다.

3, 2, 1…

100만 년 전 과거로 출발!

자! 100만 년 전 과거에 도착했습니다. 이제 숨을 천천히 들이마셔 보세요. *(후-하-)* 어때요? 미세먼지나 다른 공해가 없어 더 깨끗한 공기를 마실 수 있으니, 좀 더 상쾌한 것 같기도 하죠?

자, 이제 이 옷을 입으세요. 안 그러면 살 떨리는 추위에 현재로 돌아가고 싶을 테니까요. 과거의 지구는 육지 면적의 30%가 빙하로 덮여 있습니다. 그 덕에 태양에너지의 대부분이 반사되어 현재의 지구보다 훨씬 더 낮은 기온을 가지고 있죠. *(부스럭- 부스럭)* 외투 잘 챙겨 입으셨죠? 감기에 걸리면 저희 측은 책임 못 지니 주의하세요!

그럼 이제 이 여행의 꽃, 과거의 생명체를 만나러 가볼까요?

어! 여기 나무 뒤로 빨리 숨어요!

휴, 여행 시작하자마자 큰일 날 뻔했네요. 저기 저 동물 보이시나요? 추운 환경에 적응하기 위한 긴 털, 1m가 넘는 긴 뿔과 그 위에 솟은 작은 뿔. 저건 **털코뿔소**입니다. 초식동물이지만 긴털매머드와 자주 싸우는 사나운 녀석이죠. 몸길이 3.7m, 높이 2.2m, 무게는 2,000~3,000kg이나 나갑니다. 다행히 저 털코뿔소는 현재의 코뿔소처럼 시력은 별로 좋지 않습니다. 덕분에 아마 우리를 발견하진 못했을 거예요. 하지만 청각이 상당히 발달했죠. 그래서 이렇게 속닥속닥 얘기하는 거고요.

조용히…, 성질 건들지 않게 살금살금 반대쪽으로 갑시다.

헙…! 마…, 망했다. 이쪽엔 **긴털매머드**가 있는데요? 얼른 이 커다란 바위 뒤로 오세요!

저기 풀 뜯어 먹고 있는 집채만 한 매머드 보이세요? 네, 코 양옆으로 기다란 뿔이 난 그 매머드요. 네? <아이스 에이지>에서 본 것 같다고요? 하긴, 긴털매머드가 플라이오세를 대표하는 생물이긴 하죠. 영화나 애니메이션에서 종종 보셨을 거예요. 이렇게 두 눈으로 직접 보니 100만 년 전으로 왔다는 게 실감 나시죠?

긴털매머드는 저 두꺼운 긴 털 덕분에 빙하기의 마지막까지 잘 적응해 살아남았던 녀석이에요. 이 시대 우리 조상들은 저 매머드를 잡아 고기는 구워 먹고, 털가죽으로는 옷을 지어 입고, 뼈로는 집을 지었답니다. 정말 대단하죠? 가만히 보고 있으니 풀 뜯는 속도가 대단하다고요? 긴털매머드는 거의 온종일 풀을 뜯어 먹습니다. 최대 6t까지 나가는 어마어마한 몸집을 유지하기 위해 매일 180kg이나 먹이를 먹죠. 다행히 육식하지는 않지만 저쪽에 있는 털코뿔소와 한 판 붙을까봐 걱정되네요.

고래 싸움에 새우 등 터지기 전에, 이쪽 샛길로 이동하죠.

앗, 저 동물은! 뭔가 낯익죠? 바로 나무늘보입니다. 나무늘보 아니고 곰 아니냐고요? 몸길이가 약 6m나 되는 매우 건장한 고대의 나무늘보 **'메가테리움'**을 소개합니다!

메가테리움은 나무에 기대어 저 개미핥기 같은 발톱을 이용해 풀을 뜯어 먹거나, 죽은 동물을 먹습니다. 빠르지는 않지만 묵직한 무게에서 나오는 파괴력이 어마어마하죠. 심지어 포악한 육식동물에게서 사냥감을 뺏기도 할 정도니까요. 저 거대한 몸에 깔리면 원래 세계로 돌아갈 수 없으니 죽은 듯 조용히 지나갑시다!

휴, 오늘 여러 번 저세상 갈 뻔했네요. …네? 과거에는 무슨 이런 위험한 생명체만 있냐고요? 음, 그럼 슬슬 우리 조상님들을 한번 보러 가봅시다.

여기 있네요! 조금 멀리서 지켜보죠.

저기 돌로 무기를 만들고 있는 유인원 보이시나요? 저게 바로 **호모 에렉투스**(Homo Erectus)입니다. 당시 존재했던 다른 인류보다 약한 신체를 가지고 있는데요. 신체의 단점을 보완하기 위해 불과 간단한 석기 도구를 사용합니다. 지금도 옆에 모닥불을 피워놨네요.

호모 에렉투스는 도구를 사용한 덕에 소근육이 발달했고, 뇌가 점점 커져 간단한 형태의 언어까지 사용했습니다. 결국 이 시대에서 가장 오랜 시간 생존해 전 세계에 퍼진 인류의 조상이 되었죠. 하지만 우리의 조상들이 모두 이들 같지는 않았습니다. 다른 곳으로 이동할까요?

저 유인원은 **호모 안테세소르**(Homo Antecessor). 유럽인의 조상으로 밝혀진 인종이죠. 조금 더 가까이 가보고 싶다고요? …글쎄요, 추천하고 싶지 않은데요. 호모 안테세소르는 카니발리즘, 그러니까 식인했을 가능성이 있거든요.

이들은 무리를 꾸려 유목인처럼 떠돌아다니며 사냥하며 살았는데요. 사냥에 방해가 되는 무리를 마주치면 가차 없이 그들의 목숨을 빼앗아 그 시체를 먹었다고 하죠. 호모 안테세소르의 동굴에서는 이를 대변하듯 수많은 인간의 뼈가 발견되기도 했습니다. 저기 한 상 푸짐하게 차려둔 음식 보이시죠? 어쩌면 저게 다른 시간여행자일 수도 있다고요!

오늘날의 도덕적 관점으로는 이해할 수 없지만 여기 100만 년 전 지구에서는 생존이 최고 우선 순위니 뭐…, 치킨 대신 인간을 구워 먹었을 수 있겠네요. 저들에겐 우리도 맛 좋은 고기로 보일 수 있으니 인사는 생략하고 조용히 튑시다!

네? 이게 무슨 선물이냐고요? 죽을뻔한 기억밖에 없다고요?
하하… 하… 하하…

삐비비빅- 삐비비빅-

앗, 마침 알림이 울리는군요! 이제 현재로 돌아가죠.

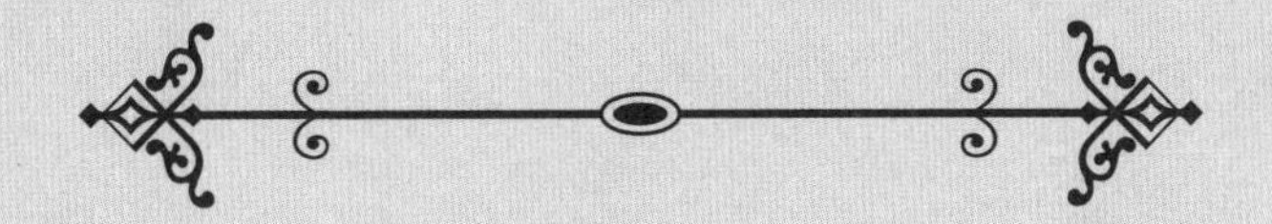

자, 100만 년 전 지구에서 하루를 보내고 이제 다시 현실로 돌아왔습니다. 현재의 과학 기술로는 실현 불가능한 과거 여행! 오늘 이렇게 가상으로 체험해봤는데 어떠셨나요?

죽을 뻔해서 화가 난다고요?
음, 여튼 무사히 살아 왔으니 된 것 아니겠습니까, 하하…

앞으로도 다양한 과거 여행을 준비할 테니 <떠먹여주는 과학> 유튜브 채널로 찾아와주세요. 당신과 함께 또 여행하길 기대하겠습니다!

너무 걱정하지는 마세요. 살려는 드릴게.

* 이 꼭지는 영상으로 보시면 더 재미있어요.
유튜브 <떠먹여주는 과학>채널에서
영상으로도 만나보세요!

달에선 어떤 맛과 냄새가 날까?

여러분 혹시 <월레스와 그로밋> 아시나요? 손지문 덕지덕지 묻은 찰흙 인형들이 뽀짝뽀짝 움직이는 게 너무나 귀여운 스톱모션 애니메이션 말이에요.

밤하늘에 떠 있는 둥근 보름달을 보고 있자니 문득 월레스가 달 조각을 잘라 크래커에 올려 먹던 장면이 떠오릅니다. 어린 시절 엄마를 졸라 크래커에 치즈를 올려 먹어봤지만 과연 이게 달의 맛인지는 알 수 없었죠. 그래서 저는 언젠가 우주여행을 할 수 있게 되면 꼭 달에 가서 달치즈를 한 입 크~게 떠먹겠다고 결심했었답니다.

그러고 보니 달에선 어떤 맛과 냄새가 날까요? 정말로 치즈처럼 고소한 냄새와 맛이 날까요?

1. '달치즈' 먹방, 언젠가 나도 찍을 수 있을까?

안타깝게도 애니메이션과 달리 달은 치즈 맛이 나지 않습니다. 게다가 달 표면에는 먼지가 가득 쌓여 있죠. 이 먼지는 달이 수백만 년에 걸쳐 크고 작은 운석들과 부딪히면서 생성된 부스러기인데요. 문제는 지구의 먼지와 달리 요 달먼지는 뾰족뾰족하다는 겁니다.

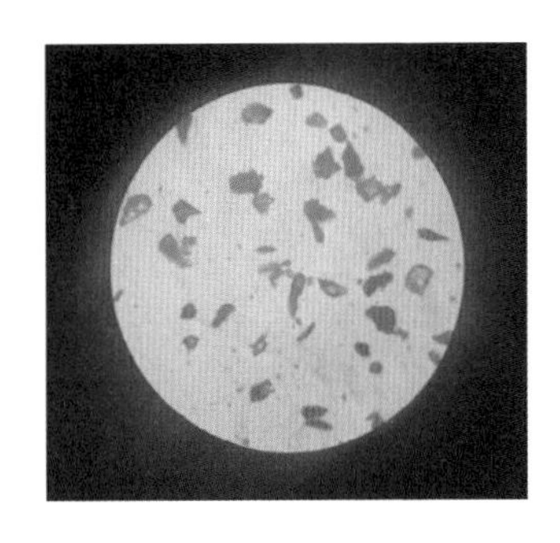

지구에서는 먼지가 바람에 의해 이리저리 뒹굴며 깎이고 쓸려 둥글게 변합니다. 하지만 달에는 바람이 불지 않죠. 그래서 달의 먼지는 깨진 유리 조각처럼 매우 날카롭습니다.

◀ **뾰족뾰족한 달 먼지의 모습**(© IMPACT lab)

이렇게 뾰족한 먼지로 뒤덮인 달을 잘라내어 입에 넣는다면? 맛도 텁텁하고 혀가 따끔거릴뿐더러 혹시라도 달 먼지를 들이마시게 되면 호흡기 질환에 걸릴 확률이 아주 높습니다. 코로나 저리 가라 할 정도로 폐가 아작나고 말 거예요.

달 먼지를 마시면 정확히 어떤 일이 벌어질지 궁금했던 스토니브룩 대학 의과대 연구진은 화산재와 용암의 먼지 등 지구에서 구할 수 있는 물질로 달 먼지를 만들어냈습니다. 그리고 달 먼지가 사람의 폐와 쥐의 뇌세포에 어떤 영향을 미치는지 실험을 해봤죠. 그러자 24시간

후 표본 세포의 90%가 죽어버렸다고 합니다.[1] 히익! 이런 걸 먹어보려고 했다니! 혹시 기회가 되더라도 절~대 입에 대지 말아야겠어요. 그런데 문득 궁금해집니다. 일반인인 우리야 달의 먼지를 들이마실 일이 없지만, 달을 탐사하는 우주비행사들은 위험하지 않을까요?

"에이, 우주비행사들은 우주복이 있잖아요. 튼튼한 헬멧도 있고요!"

맞습니다. **그러나** 안심하긴 이릅니다.

달 먼지는 공중에 둥둥 떠다닙니다. 아까 달에는 바람도 불지 않는다고 했는데 어떻게 떠다니냐고요? 그 이유를 말하기 위해, 먼저 '태양풍'에 대해 간단히 설명해드릴게요. 태양은 핵융합반응으로 에너지를 만들어냅니다. 이 과정에서 강력한 폭발이 일어나곤 하죠. 이때, 폭발의 부산물로 여러 물질들과 함께 자외선과 X선, 양성자 등이 우주 공간으로 뿌려지는데요. 이게 마치 지구에서의 바람과 같다고 해서 태양풍(Solar Wind)이라고 부른답니다.

달에는 대기가 부족하기 때문에 달 표면은 이 태양풍의 영향을 받습니다. 태양풍에 지속적으로 노출되면 달의 토양에 강한 정전기가 발생하는데요. 한마디로 달먼지에 정전기가 발생하면서 서로 밀쳐내는 힘이 생겨 공중에 뜨는 겁니다. 그렇게 떠다니던 달 먼지가 우주복에 착 달라붙는 거죠. 이렇게 붙은 먼지들은 생긴 게 뾰족뾰족하니 한 번 붙으면 잘 떨어지지도 않습니다. 우주복을 입고 달 위를 돌아다닐

1 Assessing Toxicity and Nuclear and Mitochondrial DNA Damage Caused by Exposure of Mammalian Cells to Lunar Regolith Simulants / Rachel Caston Katie Luc Donald Hendrix Joel A. Hurowitz Bruce Demple / GeoHealth / 2018.04

때는 아무 일도 없지만, 문제는 달 탐사를 마치고 우주선으로 돌아와 우주복을 벗을 때! 우주복에 묻어 있던 먼지를 흡입할 위험이 있다는 겁니다.

▲ 해리슨 슈미트(1935~)

실제로 아폴로 17호의 선원이었던 우주 비행사 해리슨 슈미트(Harrison Schmitt)는 1972년 달에서 사흘을 보내던 중 실수로 달 먼지에 노출되고 말았는데요. 온종일 눈물이 흐르고 코가 막히는 데다 목구멍이 따가워 괴로웠다고 합니다. 이런 '달 먼지 알레르기' 반응은 해리슨 슈미트뿐 아니라 달에 착륙했던 12명의 아폴로 우주비행사들에게 공통으로 나타났죠. 지구는 미세먼지, 달은 달 먼지가 문제네요.

2. 달에서는 어떤 냄새가 날까?

그럼 달에서는 어떤 냄새가 날까요? 정말 제 상상대로 고소한 치즈 냄새가 날까요? 1972년 아폴로 16호에 올랐던 우주비행사 찰리 듀크(Charlie Duke)에게 한번 물어봅시다.

"듀크 씨, 달의 냄새는 어떤가요?"
"음…, 불꽃놀이 냄새가 나요."
"…네?"
"불꽃놀이 할 때 화약 냄새가 강하게 나잖아요. 딱 그 냄새가 나요."

◀ 찰리 듀크(1935~)

이 이야기를 들은 과학자들은 '혹시 달 먼지에 화약 성분이 있는 건 아닐까?'하고 달에서 채취한 표본을 검사해봤습니다. 하지만 화약 냄새를 내는 가연성 분자 '니트로셀룰로오스(nitrocellulose)'나 '니트로글리세린(nitroglycerin)'은 발견되지 않았답니다. 결국 달에서 왜 화약 냄새가 나는지 그 이유는 아직도 밝혀지지 않았죠. 왜 그런지 너무너무 궁금한데 여러분 중 누군가가 우주비행사가 되어서 그 이유 좀 알려주시겠어요?

한편, 향수 전문가 스티브 피어스(Steve Pearce)는 NASA의 의뢰로 '우주의 냄새'를 개발했습니다. 우주 비행사 훈련 과정에 사용하기 위해 대기권 밖 우주 공간의 냄새를 만든 겁니다. 과연 어떤 냄새일지 궁금하시죠? 원하신다면 여러분도 직접 맡아볼 수 있답니다! 당시 개발된 냄새를 향수로 만들어 2020년 10월 출시했거든요.

이 향수의 이름은 '**오 드 스페이스**(Eau de Space)'. 가격은 15달러. 한화로 약 18,000원입니다. 생각보다 저렴하죠? 제품 관리자 리치몬드(Matt Richmond)에 따르면 '우주의 냄새는 맛있게 구운 스테이크 냄새와 산딸기, 럼주 냄새가 섞인 느낌으로 달콤함이 약간 섞인 매캐한 향'이라고 하네요. 우주를 담은 향이라니! 와, 저도 너무 맡아보고 싶어요!

스티브 피어스는 곧 '달의 향기'를 담은 향수도 내놓겠다고 말했는데요. 향수 판매액을 과학 교육에 기부하겠다는 좋은 취지도 있으니, 우주에 가서 직접 맡아보지는 못해도 비슷한 향을 느껴보고 싶다면 이 '우주 향수'를 뿌려보는 건 어떨까요?

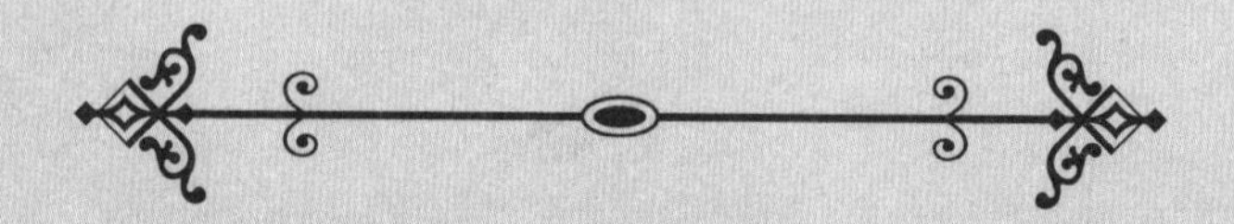

치즈처럼 고소할 것 같았던 달의 냄새가 사실은 썩 좋지 않은 화약 냄새라는 것. 또 혹시라도 달조각을 크래커에 발라먹었다간 폐병 걸려 고통스럽게 이승을 떠날 수도 있다는 것을 알게 되니, 이게 어른이 되는 과정인가 봅니다….

어른이 된 기념으로 '오 드 스페이스' 향수나 하나 주문해야겠어요! 우주 냄새 칙칙 뿌리고, 천장에 야광별 잔뜩 붙이고, 불 끄고 누워서 크래커에 치즈 발라 먹으며 <월레스와 그로밋> 보면 내 방이 바로 우주 아니겠어요? 호호호~

흰색 페인트 던져서 소행성을 막는다고?

여러분, 6월 30일이 무슨 날인지 아시나요?

음, 14일은 아니니까 초콜릿이나 사탕을 주고받는 날은 아닐 테고, 학교 가고 출근했던 기억도 있으니 공휴일도 아니죠. 또, 기념일은… 애인이 없으니 이것도 빼고 가죠.

정답은 바로바로…

'세계 소행성의 날'입니다! "아니 무슨 이런 날도 다 있어?"라고요? 이것 말고도 '서해 수호의 날', '전자정부의 날', '신안군 천일염의 날' 등등 별의별 날들이 다 있으니 소행성의 날 하나쯤 괜찮잖아요?

아무튼! 소행성의 날이 왜 따로 있냐면, 이게 엄청 중요하기 때문입니다. 소행성에 우리 지구의 운명이 걸려 있거든요.

1. 지구 멸망시킬 뻔했던 '재앙급 소행성'들

소행성이 대체 뭐길래 지구의 운명씩이나 걸려 있을까요?

소행성은 '태양 주위를 공전하는 태양계의 천체 중에서 목성궤도 안쪽을 도는 행성보다 작은 천체'를 일컫는 말입니다. 그렇다면 수금지화…, 얘네들보다 작기만 하면 다 소행성이라는 건데, 이러면 꽤 큰 것도 소행성에 포함될 수 있죠. 그래서 지구에 위협이 된다는 겁니다. 단순히 작을 '소' 자에 속으시면 안 돼요. 우주적 스케일은 우리의 감각을 아득히 초월하니까요.

실제로 6천 5백만 년 전 지구에 충돌했던 소행성의 크기는 그 지름만 10km였다고 하죠. 네? 10km가 얼마나 어마어마한지 실감이 잘 안 난다고요? 여러분 지금 핸드폰을 꺼내 한때 전국을 들썩이게 했던 <포켓몬 GO>를 깔아 보세요. 그리고 10km짜리 포켓몬 알을 부화시킬 때까지 걸어보시죠. 얼마나 끔찍하게 커다란 소행성이 떨어졌는지 온몸으로 느낄 수 있을 테니까요.

자, 상상해봅시다. 어느 날 갑자기 한눈에 담을 수도 없을 만큼 커다란 돌덩어리가 이 지구에 떨어진 겁니다. 그것도 그냥 떨어진 게 아니라 저 머나먼 우주에서부터 어마어마한 속도로 날아와서 쾅 하고 부딪힌 거죠. 대체 어떻게 됐을까요?

"짠- 있었는데…, 없었습니다!"

불과 24시간 만에 공룡을 포함한 지구상 동식물의 약 3분의 2가 멸종되었답니다. 이건 뭐 거의 **타노스급 재앙!** 공룡시대 이야기라 '뭐야, 우리랑 관계없잖아~'라는 생각이 드시나요? 하지만 비교적 최근에도 소행성 때문에 지구가 멸망할 뻔했다는 사실!

1908년 6월 30일, 러시아 시베리아의 밀림에 지름 40m의 소행성이 하나 톡 떨어졌습니다. 방금 어마무시한 규모의 소행성 얘기를 들어서인지, 고작 그 정도 크기로는 별 임팩트가 없다고요? 그런데 놀랍게도, 그 조그만 소행성이 주변 2,000km^2 내의 모든 것을 초토화했답니다. 이 사건은 '퉁구스카 대폭발'이라는 이름으로 기록됐죠.

▲ 소행성 충돌로 인해 쓰러진 나무들이 보이시나요?

당시 사건 기록을 보면 소행성 충돌의 파괴력을 엿볼 수 있는데요. 쓰러진 나무만 약 8,000만 그루. 그 충돌의 여파는 **멀~리**까지 퍼져, 무려 450km 떨어진 곳에서 기차가 전복됐습니다. 예를 들면, 이건 서울에 소행성이 떨어졌는데 부산에서 기차가 뒤집어진 거예요. 또, 1,500km 떨어진 가정집의 유리창이 파사삭 깨지기도 했는데요. 이건 서울에 소행성이 떨어졌는데 도쿄 가정집 유리창이 다 깨진 겁니다. 그 위력… 느낌 오시나요? 인적이 드문 곳에서 폭발이 일어나서 다행이지 만약 도시에 떨어졌다면? 오싹합니다.

2. 지금 이 순간, 지구를 위협하고 있는 2,100개의 소행성

그런데 그 무시무시한 소행성이 바로 지금도 지구를 위협하고 있습니다. NEO 연구센터(CNEOS)에 따르면 지구를 위협할 수 있는 '지구근접천체(Near-Earth object, NEO)'의 개수는 무려 2만 3,000여 개! 이 중에서 지구와 가깝고 크기도 큰 '잠재적 위험 소행성(Potentially Hazardous Asteroid, PHA)'의 개수는 약 2,100개라고 하는데요.

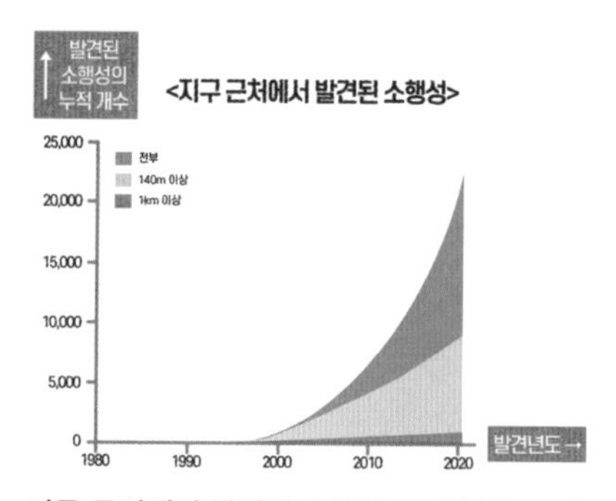

▲ 지구 근처에서 발견된 소행성 크기 분류 그래프

소행성이 우리나라처럼 인구밀도가 높은 나라에 떨어진다면? 또는 혹시 원자력 발전소 같은 곳에 떨어진다면? 정말 끔찍한 일이 일어날 겁니다. 인류가 공룡처럼 하루 만에 멸종할 가능성도 있죠. 그렇다면 만에 하나 소행성이 지구를 향해 다가올 때 우리가 할 수 있는 건 뭘까요? 갑자기 없던 종교 만들어 신에게 기도 올리기?

3. 충돌을 막아라!

대책이 없는 것은 아닙니다. 실제로 과학자들은 소행성 충돌에 대비하는 연구를 활발히 하고 있죠. 소행성을 막으려면 지구에 가까이 오기 전에 파괴하거나, 소행성의 궤도를 바꾸는 방법이 있는데요.

SF영화나 소설을 보면 핵폭탄을 터뜨려 소행성을 부수는 장면이 자주 나오죠? 하지만 그렇게 하면 소행성이 산산조각 나서 지구에 더 많이 떨어질 수 있습니다. 방금 지름 40m짜리 소행성 하나가 얼마나 끔찍한 재앙을 불러오는지 봤으니 소행성 조각이라고 무시하는 분은 없으시겠죠? 그래서 과학자들은 소행성 궤도 변경을 중심으로 대비하고 있답니다.

NASA는 2016년 지구에 근접하는 소행성과 혜성을 추적하기 위해 '혜성 방어 협력부 (Planetary Defense Coordination Office, PDCO)'를 신설했습니다. 이 PDCO에서는 지구 근접 물질의 충돌 시각, 위치, 크기 정보를 미국 재난관리청에 알림으로서 충돌 대책을 마련합니다.

방법은 크게 세 가지가 있는데요.

첫 번째 방법, 역학적 충돌

소행성에 직접 물리적인 타격을 가하는 방식입니다. 마치 당구공이 서로 부딪히면 진로가 바뀌는 것처럼 인공위성이나 우주선을 지구에 떨어지는 소행성 한쪽에 박아 궤도를 바꾸는 거죠. 좀 단순무식한 방법이긴 한데 그만큼 확실한 방법입니다.

하지만 소행성의 크기가 아~주 크다면, 궤도를 바꿀 수 있을 정도로 충분한 무게를 가진 무언가를 쏘아 올리는 것이 힘들어집니다. 그래서 두 번째 방법으로 연구되고 있는 것이 '소행성에 돛 달기' 입니다.

두 번째 방법, 태양풍 돛 달기

아까 방금 전 꼭지 '달에선 어떤 맛과 냄새가 날까?'에서 태양풍에 대해 설명해드렸었는데, 혹시 기억하시나요? 반복 학습이 효과적이라고 하니 한 번 더 설명해드릴게요!

태양이 핵융합반응으로 에너지를 만들어낼 때 강력한 폭발이 일어나곤 하는데요. 이때 폭발의 부산물로 여러 물질과 함께 자외선과 X선, 양성자 등이 우주 공간으로 뿌려집니다. 이 입자들의 흐름을 태양풍이라고 부르죠.

두 번째 아이디어는 돛 형태의 특수한 장치를 단 위성을 소행성에 보낸 다음, 이 태양풍을 받아 궤도를 수정하는 방식으로 소행성을 저 멀리 보내버리는 겁니다.

이 방법은 재미있는 방향으로 발전하기도 했는데요. MIT의 한국계 대학생 백성욱 씨는 2012년, UN 지원으로 열렸던 '소행성 움직이기 대회(Move an asteroid competition)'에서 독특한 아이디어로 우승을 차지합니다.[1] 그건 바로 "소행성에 돛을 달 필요도 없이, 흰색 페인트 통을 잔뜩 던지면 충분하다"는 거였죠.

흰색은 빛을 반사하고, 검은색은 빛을 흡수하는 성질이 있죠? 소행성 전체에 하얀 페인트를 골고루 묻힌다면, 흰색이 햇빛을 반사하게 될 겁니다. 그렇게 태양광 압력의 반작용으로 궤도 변경이 가능하다는 거죠. 이 아이디어는 비용과 효과 면에서 탁월하다는 극찬을 받았답니다.

세 번째 방법, 중력 트랙터

마지막으로 NASA의 에드워드 루(Edward Lu)와 스탠리 러브(Stanley G. Love) 박사는 소행성을 중력으로 잡아당겨 원래 궤도에서 벗어나게 만들 수 있다고 주장합니다.[2]

그들이 제시한 방법은 이렇습니다. 먼저 중력 트랙터를 위성처럼 소행성에 접근시킵니다. 그리고 소행성 주변을 빙글빙글 돕니다. 이

1 Paintballing to save the planet / Sung Wook Paek / Astronomy & Geophysics / 2012.09

2 A Gravitational Tractor for Towing Asteroids / Edward T. Lu, Stanley G. Love / Cornell University / 2005.09

과정을 오랫동안 계속하면, 트랙터에 중력이 발생해 소행성을 잡아당기게 되죠. 이 방법으로 소행성의 궤도를 많이 변경시킬 수는 없지만, 아주 약간만 변경돼도 지구에 도달할 때쯤엔 크게 빗나가게 된답니다.

그렇게 지구에 충돌할 뻔했던 소행성은 저 멀리 멀어지는 거죠.

만나서 반가웠고, 다시는 만나지 말자!

앞서 소개했던 소행성에 무언가를 박아 궤도에서 밀어내거나, 돛을 달아 궤도를 변경하는 방법은 그 소행성을 이루는 재질이 단단하지 않을 경우 실행하기 어렵다는 문제가 있습니다. 하지만 중력 트랙터는 소행성이 어떤 물질로 구성되었는지와 관계없이 적용할 수 있죠. 그러나 이 방법이 효과를 발휘하려면, 소행성이 지구에 부딪히기 20년 전부터 작업을 시작해야 한다는 단점이 있습니다.

이외에도 고출력 레이저를 이용하거나 그물을 이용하는 등 연구가 계속되고 있는데요. 최근에는 '소행성을 무조건 나쁘게만 볼 것은 아니다'라는 새로운 관점이 등장했답니다.

4. 알고 보니 로또?! 자원의 보고, 소행성

최근 선진국들이 소행성을 바라보는 시선이 180도 달라졌습니다. '지구근접천체(Near-Earth object, NEO)'들에 희귀금속은 물론이고 물, 가스까지 매장된 경우가 많다는 사실이 알려졌기 때문이죠. 우주에서 물이 풍부한 지름 500m급 소행성을 하나 잡았을 때 그 가치는 무려 5,000조 원이 넘는다고 하는데요. 이렇다 보니 소행성의 산업적 가치에 주목하기 시작한 거죠.

"소행성 너어, 골칫덩이인 줄 알았더니 하늘에 떠 있는 로또였구나!"

빈 대학의 우주 물리학자 토마스 마인들(Thomas Maindl) 교수는 지난 2018년 발표한 논문을 통해 소행성 채굴 및 거주 계획을 제시했습니다.[3] 중력 모형을 통해 소행성 중력을 측정하고, 이 중력 아래에서 어떤 식으로 채굴 작업이 가능한지 연구한 건데요. 지금 당장은 지구를 벗어나는 것도 힘겨운 게 현실이지만, 전문가들은 20년 안에 실제로 소행성 채굴이 가능할 것으로 보고 있습니다.

곧 다가올 우주 시대를 선점하기 위해 여러 기업뿐 아니라 각국 정부도 노력하고 있는데요. 일본에서는 2003년 일본 최초의 소행성 탐사선인 '하야부사'를 발사했습니다. 2016년 미국항공우주국도 오시리스-렉스라는 소행성 탐사선을 쏘아 보냈고요! 그리고 금융업과 철강업으로 유명한 룩셈부르크는 국가 핵심 미래 산업으로 벌써 우주 자원 채굴업 진출을 시도하고 있죠.

---

3 Stability of a rotating asteroid housing a space station / Thomas I. Maindl , Roman Miksch , Birgit Loibnegger / Cornell University / 2018.12

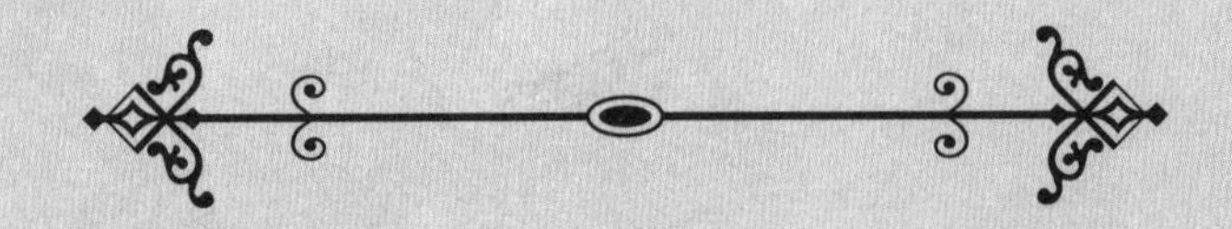

19세기 골드러쉬 시대에 금을 채취하기 위해 많은 사람들이 미국 캘리포니아로 몰려들었다면, 다가올 미래에는 우주로 몰려들지도 모르겠네요.

대 우주 시대가 시작된 겁니다!

하지만 중요한 건 우리가 충분히 준비되어 있어야 한다는 거겠죠? 준비 없이 소행성을 맞으면…, 멸망뿐일 테니까요.

2024년, 인류는 화성으로 이주한다?!

나는 왕따다. 사람들은 나한테 말했다.

"넌 너무 특이해. 너 같은 앤 평생 사회 부적응자로 살 거야."

나도 친구를 사귀고 싶다.

"저기, 그 문제의 답은 12야. 10이 아니라."

관심을 끌려고 친구들의 잘못을 지적했다가 괴롭힘만 더 당했다.

내 친구는 책뿐이다. 오늘도 책을 펼쳤다. 칼 세이건의 ≪코스모스≫. 내가 요즘 푹 빠져 있는 책이다. "우리가 우주 속의 특별한 존재라는 착각에 대해 저 창백하게 빛나는 점은 이의를 제기합니다. 우리 행성은 사방을 뒤덮은 어두운 우주 속의 외로운 하나의 알갱이일 뿐입니다."

이 커다란 지구가 저 머나먼 우주에서는 고작 작은 점일 뿐이라니! 갑자기 내 고민도 조그맣게 느껴진다. 언젠가 인간이 저 넓고 광활한 우주로 나갈 수 있을까?

● ● ●

▲ **일론 머스크**(1971~)

'괴짜'로 알려진 테슬라의 CEO 일론 머스크. 그의 오랜 꿈 '우주 개발!'

그가 처음으로 화성에 가겠다고 했을 때, 귀담아듣는 이는 많지 않았습니다. 많은 사람이 '시간 낭비, 돈 낭비'라며 비난을 퍼부었죠. 심지어 일론 머스크가 자신의 영웅이라고 꼽았던 아폴로 우주비행사, 천체물리학자, 그리고 각 분야 전문가들마저 '말도 안 되는 계획'이라며 망상에서 빠져나오라고 충고했는데요.

일론 머스크는 한 인터뷰에서 "미국의 영웅들이 당신의 생각을 좋아하지 않는다는 걸 알고 있나요"라는 질문에, 눈물을 글썽이며 "네, 알고서 아주 슬펐습니다. 왜냐하면 그분들은…, 그분들은 제 영웅이기 때문이죠."라는 답변을 해 화제가 되기도 했죠.

그러나 모두의 비난에도 일론 머스크는 자신의 신념을 굽히지 않았습니다. 그의 생각에 지구는 언제 멸망할지 모르는 바람 앞의 촛불 같았거든요.

실제로 전 세계의 과학자들은 현재 지구의 상태가 너무나 위태롭다고 경고하고 있습니다. 자원이 고갈되거나, 환경이 파괴되거나, 전쟁으로 핵폭발이 일어나거나 다양한 변수로 언제든지 한순간에 멸망할 수 있다는 거죠.

일론 머스크는 '우주로 나아가겠다'는 확고한 목표를 가지고 투자자를 끌어모았습니다. 결국 2002년 우주로 나갈 수 있는 우주선을 만드는 회사 **'스페이스X'**를 창립하죠.

사실 머스크 이전에도 이미 여러 명의 벼락부자들이 우주산업에 엄청난 돈을 투자했다가 실패하고 물러난 전적이 있었는데요. 그래서 사람들은 머스크 역시 '어린 나이에 거액을 벌어 돈을 주체하지 못한다'며 '철부지 갑부'라고 놀려댔습니다. 하지만 머스크는 로켓 발사 비용에 낀 거품을 혁신적으로 줄일 수만 있다면 우주산업의 미래는 전망이 밝다고 주장했죠. 그는 유능한 공학자들과 함께 로켓을 만들고 발사장까지 확보합니다.

드디어 2006년 3월 24일. 스페이스X가 개발한 첫 로켓 **'팔콘 1호'**를 발사하는 날. 심장 떨리는 감격의 순간! 일론 머스크의 꿈은… 이뤄졌을까요?

그러나

"미국의 민간 우주 사업을 주도하고 있는 스페이스X의 로켓이 발사를 앞두고 갑자기 폭발했습니다. 로켓 상단에서 거센 불길이 일어나며 발사대를 덮쳤습니다."

그가 만든 로켓은 발사 25초 만에 바다로 추락하고 맙니다.

전 세계 언론들은 "수천억 원이 몇 초 만에 증발했다"며 일론 머스크를 비웃었습니다. 하지만 머스크는 좌절하지 않았습니다. 오히려 직원들에게 이렇게 말했죠.

"실패 역시 성공으로 가는 과정일 뿐입니다. 오늘 우리는 실패를 함으로써 그 과정의 첫걸음을 성공적으로 달성했어요. 실패해야 무엇이 잘못인지 파악하고 다음 단계로 나아갈 수 있습니다."

그렇게 심기일전하고 다시 도전했지만, 1년 뒤 이어진 2차 발사, 또 1년 뒤 이어진 3차 발사 역시 처참하게 실패하고 맙니다. 전 재산을 투자하다시피 했던 스페이스X가 연이어 실패하며 머스크의 지갑도 바닥을 드러냈죠. 경제 불황까지 겹쳐 더이상 스페이스X를 유지하기 힘든 상황. 이번에도 실패하면 모든 것을 잃을 수도 있었죠. 벼랑 끝에 선 그와 직원들은 침낭에서 먹고 자며 치열하게 연구합니다.

그리고 2008년 스페이스X는 4차 발사를 시도합니다. 마지막 시도의 결과는 어땠을까요?

짜잔!

그는 드디어 **'팔콘 1호'**를 쏘아 올리는 데 성공합니다!

우주 비행 역사상 오직 네 곳에서만 로켓을 궤도에 쏘아올린 뒤 지구에 성공적으로 복귀시켰는데요. 미국, 러시아, 중국 그리고 일론 머스크의 '스페이스 X'입니다. 민간 회사로는 최초로 해낸 성공이었죠!

▲ 드디어 쏘아 올린 일론 머스크의 꿈 '팔콘 1호'

덕분에 스페이스X는 안정적으로 투자를 받게 됩니다. 그 이후로는 성공 가도를 달리죠. 2015년에는 그가 제시했지만 많은 이들이 비웃었던 아이디어를 실현해 이미 한번 사용한 로켓 발사체를 수거해 재활용하는 기술 구축에도 성공했답니다! 덕분에 로켓 발사 비용은 획기적으로 줄었죠. 스페이스X는 심지어 올해 **민간 기업 최초**로 '우주비행사 2명을 태운' 우주선을 띄우기까지 했습니다.

스페이스X의 첫 성공 이후 12년이 지난 지금, 전 세계에서 약 300여 개의 민간 기업들이 다양한 크기의 로켓을 만들고 있습니다. 단 한 사람의 성공이 300개의 도전으로 번져나간 셈이죠.

빠르면 2022년에 인류를 화성으로 보내 인류가 거주할 수 있는 도시를 건설할 거고, 지금으로부터 50년 내엔 무려 100만 명을 화성에 이주시키겠다고 자신 있게 말하는 일론 머스크! 이 정도 확신이라면 조금 늦어질 수는 있어도 언젠가는 반드시 달성하겠다 싶은데요.

2014년, CBS의 인기 시사 프로그램 60분(60 Minutes)과의 인터뷰에서 기자는 머스크에게 묻습니다. "언제쯤 성공할 거라고 확신하셨나요?" 머스크는 답합니다. "저는 실패할 거라고 생각했어요." 잠시 말문이 막혀 멈칫했던 기자가 생각을 가다듬고 다시 묻습니다. "실패할 걸 알면서 왜 시작했나요?" 머스크는 답합니다. "세상에는 실패하더라도 시도할 가치가 있는 것들이 있거든요."

마지막으로 기자는 그에게 묻습니다. "세 번 연속 로켓 발사에 실패했을 때 '이제 그만해야겠다'는 생각이 들진 않았나요?" 머스크는 웃으며 답합니다. "단 한 번도 그런 적 없습니다. 저는 절대로 포기하지 않으니까요. 제가 이 세상에서 죽어 사라지지 않는다면요."

우리도 인생을 살면서, 때로 '절대 할 수 없는 일'을 마주칩니다. 주변 사람들은 말하죠.

"그건 절대 못 해."
"무조건 실패할 거야."

어떤 일이 불가능한 이유를 대보라고 하면 셀 수 없이 댈 수 있을 겁니다. 하지만 일론 머스크의 사고방식은 달랐습니다. 그는 불가능해 보이는 미션 앞에서 이것만 생각했죠.

'어떻게 하면 가능할까?'

어쩌면 이번 세대 안에 정말로, 우리가 화성 땅을 밟을지도 모르겠네요!

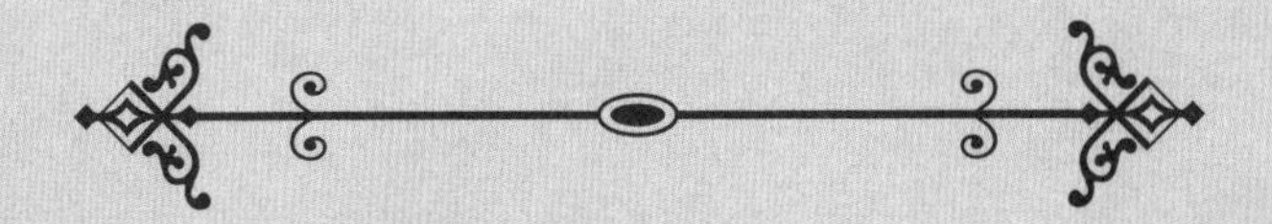

꼬마 일론 머스크가 푹 빠져 읽던 책 ≪코스모스≫의 저자, 칼 세이건은 이렇게 말했죠. "Science is more than a body of knowledge. It is a way of thinking. (과학은 지식의 집합체가 아니라, 사고하는 방식이다.)"

일론 머스크가 보여준 포기하지 않고 도전하는 정신이야말로, 진짜 '과학적인' 태도가 아닐까요?

이 책을 읽은 여러분! 어떤 상황에서도 과학적인 태도를 잃지 않는 멋진 여러분이 되길 바랍니다. <떠먹여주는 과학>도 그런 여러분을 위해, 앞으로도 재미있고 유익한 영상 계속 만들어볼게요. :)

* 이 꼭지는 영상으로 보시면 더 재미있어요.
유튜브 <떠먹여주는 과학>채널에서
영상으로도 만나보세요!

새로운 세계에 발을 들인 여러분에게

'오! 뭐야. 과학책치곤 꽤 재밌네?'

이 책을 덮은 여러분이 이런 생각을 하길 바라며 썼는데, 어떤가요? 만약 책을 보는 동안 즐거우셨다면 정말 기쁩니다. 이 재미있고 놀라운 과학의 세계로 한 명 더 꼬시는 데 성공했다는 말이니까요.

여러분은 '과학'이라는 단어를 들으면 어떤 느낌인가요? 과학에 푹 빠지기 전, 저는 '과학은 나랑은 상관없는 것'이라고 생각했습니다. 그래서 과학에 관심이 생긴 뒤 깜짝 놀랄 수밖에 없었죠. 알고 보니 과학은 나와 너무나 상관있는 거더라고요!

'과학은 모든 것'이라 해도 과언이 아닙니다. 우리가 숨 쉬듯 사용하는 컴퓨터와 스마트폰. 알고 보면 물리학의 산물이죠. 물리학자들이 없었다면 인터넷도 없었다는 사실! 그뿐인가요? 매일 보는 날짜와 시간은 지구과학. 우리가 먹는 거의 모든 음식은 화학비료로 키워냈거나, 화학 조미료를 뿌려 요리했습니다. 밥 먹고 나면 꼬박꼬박 하는 양치질 역시 화학이죠. 나와 우리 가족, 우리 집 귀여운 강아지가 아플 때 치료할 수 있는 건 생물학 덕분입니다. 우리는 모두 과학이 쌓아올린 기반 위에 살고 있습니다.

"과학이 멋있는 건 알겠는데, 몰라도 사는 데 지장 없잖아요?"

맞습니다. 과학에 대해 잘 모른다고 해도 삶에 불편은 없습니다. 비행기가 대체 어떤 원리로 공중에 뜨는 건지 몰라도 해외여행은 잘 다니듯, 어떤 기술에 대해 완벽히 이해하지 않아도 사용은 할 수 있으니까요.

하지만 여러분, <떠먹여주는 과학>팀이 과학 이야기를 영상으로 만들고, 책으로 엮어 소개하는 이유는 과학이 대단하고 유용하기 때문만은 아닙니다. 저희는 그저 이 재미를 함께 느끼고 싶었어요. 엉뚱한 질문을 시작으로 실험에 실험을 거듭하며 진리를 찾아가는 이야기들! 엄청 재밌지 않나요? 여러분도 이 책에서 과학의 재미를 느껴 과학을 좋아하게 되길 바랍니다.

마지막으로 이 지면을 통해 감사의 인사를 전하고 싶은데요. 가장 먼저 과학을 어떻게 하면 더 쉽고 재미있게 알릴 수 있을지, 저희와 함께 고민해주시는 <떠먹여주는 과학> 팀에게 감사의 말씀 전하고 싶습니다.

영상을 만드는 데는 생각보다 많은 시간과 노력이 듭니다. 모든 과정을 총괄하는 PD는 물론, 자료를 모으는 스크립터, 해외자료를 번역하는 번역가, 자료를 활용해 재미있는 글을 쓰는 작가, 과학적으로 오류가 없는지 체크하는 검수자, 그리고 대본을 맛깔나게 녹음하는 성우, 직관적인 영상으로 표현하는 편집자까지. 과학을 사랑하는 많은 사람들이 힘을 합쳐 영상 하나하나를 만들고 있죠.

책으로 엮을 수 있을 만큼 재미있고 유익한 글을 써주신 강한별, 배우리, 원미현, 최새미 작가님께 감사 말씀 드립니다. 또 모든 팀원이 과학 전공자인 건 아니다 보니, '이게 정말 과학적으로 맞는 말일까?' 확인하는 과정이 꼭 필요한데요.(저희의 영상을 보고 잘못된 지식을 얻어가는 일은 없어야 하니까요!) 그래서 과학 전공자 두 분이 꼼꼼히 체크해주신답니다. 잘못된 정보는 걸러주고, 추가하면 좋을 이야기를 더해주시는 이다윤, 반아린 검수자님 덕분에 더 정확한 정보를 전달할 수 있었습니다. 항상 감사합니다.

또, 영상에 담았던 내용을 책으로 엮어낼 수 있게 힘써주신 꿈소담이 출판사 관계자 여러분께도 감사의 인사를 드립니다.

무엇보다도, 이렇게 열심히 만든 영상을 재미있게 봐주시는 구독자 여러분께 감사 말씀드립니다. 저희가 만든 결과물을 즐겁게 봐주시고, 댓글로 응원해주신 여러분 덕에 계속 만들 수 있었습니다. 정말, 정말 감사합니다!

앞으로도 여러분과 과학으로 소통하고, 즐거움과 유익함을 전할 수 있도록 더욱 힘내보겠습니다. 여러분도 저희와 신나게 즐겨 주실 거죠? 그럼, 책을 덮는 동시에 아래쪽 QR코드로 들어와주세요. 재미있는 영상 만들어 놓고 여러분을 기다리고 있을게요.

2021년 3월
이근호, 강한별 드림

〈떠먹여주는 과학〉 유튜브 채널 놀러가기

사진출처

본문 내의 저작권 만료 및 완전 공개 사진을 제외한 사진 출처를 명기합니다.

47쪽

비소의 모습 - Rob Lavinsky, iRocks.com, Arsenic, CC-BY-SA-3.0
https://commons.wikimedia.org/wiki/Arsenic

56쪽

태양의 흑점 - NASA Goddard Space Flight Center, CC-BY-2.0
https://flickr.com/photos/24662369@N07/15430820129

66쪽

흡혈박쥐 - Uwe Schmidt, Common Vampire Bat, CC-BY-SA-4.0
https://commons.wikimedia.org/wiki/Desmodus_rotundus

80쪽

피라냐 - H. Zell, Pygocentrus nattereri, CC-BY-SA-4.0
https://commons.wikimedia.org/wiki/Pygocentrus_nattereri

82쪽

큰수달 - Gerry Zambonini, Giant Otter, CC-BY-SA-4.0
https://min.wikipedia.org/wiki/Berang-berang_raksasa

92쪽

바다오리의 알 - DIDIER DESCOUENS, Eggs of Common murre, CC-BY-SA-4.0
https://commons.wikimedia.org/wiki/Uria_aalge

200쪽

배양육 - The Meat Revolution Mark Post, CC-BY-3.0
https://youtu.be/1lI9AwxKfTY(7:48)

201쪽

식용 곤충 - Feria de Productores, Insectos Comestibles, CC-BY-2.0
https://www.flickr.com/photos/feriamx/49466222547/

252쪽

일론 머스크 - Duncan Hull, Elon Musk, CC-BY-SA-4.0
https://en.wikipedia.org/wiki/Elon_Musk

읽어주셔서
감사합니다